山东省生猪产业成本效益研究

董雪艳　王军一　张园园　著

中国农业出版社
北京

图书在版编目（CIP）数据

山东省生猪产业成本效益研究／董雪艳，王军一，张园园著.—北京：中国农业出版社，2019.12
ISBN 978-7-109-26326-0

Ⅰ.①山… Ⅱ.①董… ②王… ③张… Ⅲ.①养猪学—规模饲养—成本控制—研究—山东 Ⅳ.①S828

中国版本图书馆 CIP 数据核字（2019）第 285067 号

中国农业出版社出版
地址：北京市朝阳区麦子店街 18 号楼
邮编：100125
责任编辑：边 疆 赵 刚
版式设计：杨 婧 责任校对：吴丽婷
印刷：化学工业出版社印刷厂
版次：2019 年 12 月第 1 版
印次：2019 年 12 月北京第 1 次印刷
发行：新华书店北京发行所
开本：880mm×1230mm 1/32
印张：6
字数：160 千字
定价：36.00 元

前　　言

我国是全球最大的养猪国家，每年出栏生猪在 7 亿头左右，约占世界生猪出栏量的一半。山东省是我国的养猪大省，年生猪出栏量和猪肉产量位居全国第四位，仅次于四川、河南和湖南 3 省。2017 年，山东省生猪出栏 4 700 万头，占全国生猪出栏总量 68 861 万头的 6.83%；全省猪肉产量达到 390 万吨，占全国猪肉总产量 5 340 万吨的 7.30%。生猪饲养业的发展，不仅满足了人们对猪肉产品的消费需求，而且带动了产业链上游饲料加工、下游生猪屠宰加工和猪肉物流的快速发展，形成了一条综合的生猪产业链。在改善居民生活、提高农业效益、促进农村劳动力就业、增加农民收入和活跃国内外贸易等方面发挥了重要作用。山东省的生猪饲养业在山东省农业和畜牧业生产中占据重要的战略地位，但是，生猪产业绩效水平整体偏低，与生猪饲养大省的地位极不相称。

随着互联网的发展与应用，全球迎来了大数据时代，智能化、移动互联、全球经济一体化趋势进一步显现。生猪饲养业发展的环境、条件与供求格局都发生了根本性变化。生猪饲养业的发展不仅仅受资源、环境限制，市场供求与成本效益也成为影响生猪饲养业发展的重要因素，市场需求已经由仅追求数量满足的低水平需求向追求质量安全、营养、口味等的高水平需求转化。全球经济一体化也对生猪饲养业的质量、产业竞争力提出了更高要求。

新的形势下，如何抓住生猪饲养规模化的契机，将信息技术甚至人工智能技术应用到生猪饲养业，实现传统饲养的升级，实现饲养规模化、生产销售管理信息化，快速提升生猪饲养业的质量、优化养殖场（户）行为，改善生猪饲养业的绩效和产业竞争力，整体提升饲养水平，有效抵御价格波动对产业的冲击，保证生猪饲养业的健康稳定发展，成为亟待解决的理论与实践问题。

本书在查阅文献、分析统计数据和实地调研数据的基础上，依据成本控制理论、规模经济理论、成本收益理论和比较优势理论，综合运用文献分析法、统计分析法、实证分析法等方法对山东省生猪饲养的成本效益问题、规模选择问题进行系统深入研究，以期为山东省生猪饲养业的健康可持续发展选择合适的规模饲养模式、降低成本提高效益提供实际指导与理论支持。

目　　录

第一章　研究的背景、目的与意义

一、研究的背景

我国每年出栏生猪在 7 亿头左右，占全球生猪养殖量的一半左右，是全球生猪养殖量最大的国家。生猪饲养业在我国的经济产业结构中有着非常重要的地位，猪肉及猪肉制品是我国城乡居民最主要的肉类消费品。山东省是我国的养猪大省，年生猪出栏量和猪肉产量位居全国第四位，仅次于四川、河南和湖南 3 省。2017 年，山东省生猪出栏量为 4 700 万头，比 2016 年增长 0.8%，占全国生猪出栏总量 68 861 万头的 6.83%；全省猪肉产量达到 390 万吨，比 2016 年增长 1.0%，占全国猪肉总产量 5 340 万吨的 7.30%。生猪饲养业的发展不仅影响着居民的生活消费结构与水平，同时也会带动饲料加工、屠宰加工、防疫免疫、保险、物流等生猪饲养相关产业发展，提供相应的劳动力就业岗位，提高广大农民和相关产业就业人员的收入。生猪饲养业在改善居民生活、提高农业效益、促进农村劳动力就业、增加农民收入和活跃国内外贸易等方面发挥了重要作用。

我国的生猪价格一直处于反复波动状态，形成所谓的"猪周期"，不仅影响着养殖场（户）的成本效益，也严重影响着生猪饲养业的平稳健康发展。由于生猪价格处于持续性不稳定的状态，相对于外出务工和其他行业，生猪饲养业的稳定性低、风险较大，导致农户养殖的积极性低、补栏不及时，不利于生猪饲养业健康、有效发展。故寻求正确的方法，稳定生猪饲养成本效益，对于生猪饲养业来说极其重要。

全国畜牧总站与万得公司（Wind）公布的数据显示，2000—2003 年生猪价格出现自 1993—1999 年上升波动期以后的第一次稳定低价，全国平均猪价在 5.56～6.58 元/千克，这是我国生猪交易市场化至今 30 年来最为稳定的时期；2002 年生猪价格开始下降的时候，许多生猪养殖户开始退出该产业，丢弃仔猪，2003 年 7 月起全国生猪价格从 5.83 元/千克开始快速上涨，高点为 2004 年 10 月的 9.66 元/千克；2004 年下半年起，生猪价格开始渐渐回落，2006 年全国有 22 个省份先后爆发蓝耳病疫情，生猪价格受到很大影响，猪肉价格一路下滑，到 2006 年 5 月回落到 6.1 元/千克；2006 年底生猪价格开始反弹，从 2006 年 5 月的 6.1 元/千克起涨，最高点为 2008 年 4 月的 17.4 元/千克，最大涨幅为 185%；随着 2009 年生猪生产的恢复和放缓，生猪市场出现供大于求的局面，生猪的市场价格再次滑落，生猪市场再现低迷态势，周期结束时价格回落到 2010 年 6 月的 9.75 元/千克；2010 年 6 月生猪价格降至低点随后开始反弹，价格不断上升，猪价从 2010 年 6 月的 9.75 元/千克一度涨到 2011 年 9 月的历史性高位 19.78 元/千克；此后生猪价格开始反复震荡下跌，整体表现弱势，2014 年我国生猪价格一直大幅降低，养殖场（户）几乎没有利润可赚，部分养殖场（户）甚至抛售母猪，2014 年 4 月生猪价格震荡下跌至周期末端的 10.45 元/千克，也因此引起行业内对生猪价格暴跌之后持续性反弹的担忧；2015—2017 年生猪价格有所回升，2017 年下半年迎来生猪价格稳定反弹，稳定在 14～15 元/千克；2018 年上半年持续快速下跌，跌至近 10 年来最低水平，季节性反弹后再度进入下跌。2018 年，由于非洲猪瘟疫情的影响，北方主产区生猪价格下跌幅度远大于全国平均价格的下跌幅度，东北地区的生猪价格已经跌回全年最低水平。

2018 年 5 月 27 日，中国产业信息网行业频道公布了 1995—2018 年我国生猪价格的走势和 2010—2018 年我国自繁自养生猪头均盈利的走势，从走势图上可以清晰地看出生猪价格波动情况及其对生猪饲养业的影响（图 1-1、图 1-2）。

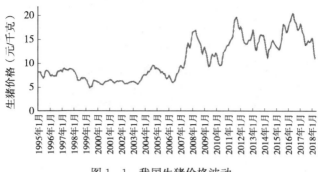

图 1-1　我国生猪价格波动

资料来源：中国产业信息网。

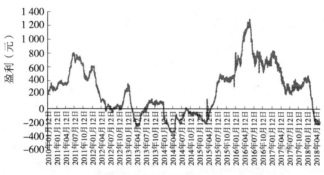

图 1-2　我国自繁自养生猪头均盈利走势

资料来源：中国产业信息网。

　　山东省农业人口众多，农户饲养生猪的数量也一直居全国前列，近几年来由于国家政策支持和对生猪饲养业环保要求的提升，除少数养殖户退出生猪养殖以外，山东省绝大多数的生猪散养户已经被迫过渡为小规模生猪养殖户，小规模生猪养殖户成为山东省农村地区分布范围最广、数量最多的生猪规模饲养群体。但与中、大规模生猪养殖场相比，绝大多数小规模生猪养殖户投入资金相对较少，缺乏科学养殖技术、销售渠道狭窄、分布较为分散，个体抗风险能力弱，生猪价格的波动使得小规模生猪养殖户面临着巨大的考验。在价格下降幅度较大的年份小规模养殖户没有利润可言，迫使一些养殖户退出生猪饲养业，而一些未退出的养殖户养殖的积极性也逐渐下降，这些现象都不利于山东省生猪饲养业的健康、可持续发展。2000年以来，山东省生猪出栏量、猪肉产量、生猪饲养业产值以及生猪饲养业收入等绝对指标逐步提高，但猪肉产量占肉类总产量的比重、生猪饲养业产值占农业总产值的比重、养猪收入占农民家庭经营性收入的比重等相对指标则呈现波动下降的趋势。为保障山东省生猪饲养业的健康发展，在生猪饲养行业整体升级、由生猪散养向小规模生猪饲养过渡的关键期，应该重视生猪饲养成本控制的研究，重视生猪饲养的成本效益研究，以帮助养殖户度过升级的困难期，顺利实现由散养向规模饲养的转变。

二、研究的目的与意义

山东省的生猪养殖处在发展的关键时期，像金锣、龙大等大型猪肉制品加工企业已经在山东地区逐渐发展壮大，同时带动了一大批养殖基地和养殖合作社的建立，山东省也针对生猪饲养业出台了一系列促进产业发展的政策，有利于促进山东省生猪饲养业的健康、稳定发展。但经济效益是产业进步不可或缺的动力因素，若想促进生猪饲养业的发展就必须提升生猪养殖的经济效益。受资源禀赋、饲养技术和饲养管理水平等诸多因素的影响，山东省的生猪饲养成本与效益没有优势，虽然是全国养猪大省，但不是养猪强省，在一定程度上影响了养猪场（户）的生产积极性，影响了全省生猪产业的竞争力。分析山东省生猪养殖的成本效益，找出山东省不同规模生猪饲养成本的变化规律和影响效益变动的原因，讨论现在和未来的一定时期内最适合山东省生猪饲养的规模，推动山东省生猪规模养殖的发展，科学控制饲养成本、降低养猪场（户）的饲养成本，进而提高生猪饲养效益，实现生猪产业的持续健康发展，已成为山东省生猪饲养业面临的重要课题，也是提高山东省生猪产业竞争力，由养猪大省向养猪强省转变的重要途径。本书以山东省为例研究生猪饲养的成本效益，有着重要的理论和现实意义。

从理论层面来说，目前生猪饲养业逐渐向规模化、规范化、科学化转换，越来越多的学者逐渐重视对生猪规模饲养的成本效益研究，但是关于山东省生猪产业成本效益的应用理论研究相对欠缺，尤其在新的生态、经济、养殖技术、信息技术环境下，如何将这些新的因素对成本效益已经产生的与即将产生的影响考虑到研究框架之中显得尤为重要。本书从动态成本效益的视角，纵向比较与横向比较相结合，探究了山东省各生猪饲养规模的成本效益水平以及主要成本动因，进一步丰富了生猪饲养成本效益的理论应用成果，为农业领域尤其是畜牧业领域的成本效益研究提供了重要参考，有非常重要的理论意义。

从现实层面说，1995年以来，山东省生猪产品价格波动幅度比较大，生猪产品价格一直处于反复波动的状态。作为生猪产品供应源头的生猪养殖户的收益情况更是经历了"过山车式"的变动。怎样在多变的生猪市场中，有效地降低生猪饲养成本、增加养殖收益，切实维护生猪养殖户的利益，推动山东省生猪产业的发展是需要认真探讨的现实问题。本书的研究具有重要的现实意义。

第一，通过分析山东省生猪饲养成本效益的变动规律和影响因素，找出控制生猪饲养成本、提升饲养效益的途径与措施，从而提升生猪饲养水平，优化生猪产业结构，合理配置资源，实现现代生猪饲养业可持续发展。

第二，对山东省生猪农户散养、小规模饲养、中规模饲养和大规模饲养的成本与收益进行横向比较分析，深入分析导致不同规模饲养生猪成本收益差异的主要因素，有利于把握不同规模饲养生猪成本收益的变动特征。

第三，随着山东省大部分生猪散养户向小规模生猪养殖户演化，小规模生猪养殖户的数量逐渐增多，大部分小规模生猪养殖户饲养规模相对较小，投入资金量相对较少，饲养成本普遍较高，效益较差，饲养品质不高，整体抵抗市场价格波动的能力较差。但这些小规模生猪养殖户也有着存在的合理性和自身的优势，他们每年的生猪出栏量占山东省全部出栏量的1/5以上，是一个不可忽视的养殖群体。因此，单独分析山东省小规模生猪养殖户的饲养成本变动趋势及饲养效益走势，分析山东省小规模生猪养殖户在成本项目方面的特征，并结合对山东省临沂地区部分养殖场（户）成本效益调研数据的分析，发现小规模生猪养殖户的实际困惑，能够为小规模生猪养殖户提供一定的降低饲养成本、提高效益的依据与指导，帮助山东省小规模生猪养殖户更好地做好各种生产要素的投入，提高养殖质量，有利于总体提升山东省生猪养殖产业的品质，提高行业竞争力。

第四，依据现代管理学中灰色局势决策方法理论，探讨目前和将来一段时间内适合山东省生猪养殖的适宜规模，为政府部门因地制宜制定政策提供参考，具有重要的现实意义。

第二章 研究文献综述

一、生猪规模饲养的研究

1. 国外的研究

欧洲国家和美国等发达国家的畜牧业发展相比我国起步较早，畜牧业规模化理论也相对完善，大量的外国学者和专家对生猪规模饲养的研究较为充分。一致的研究结论认为，规模养殖是生猪饲养的有效养殖方式；提出饲料供应商与养殖户的联盟、龙头企业的带动、政府的投入与标准化饲养的实施，大大促进了规模饲养成本的降低；对技术因素对成本的影响进行了系统深入的研究，实证了大规模养殖的普遍性。

Labrecque et al.（2015）研究发现美国生猪规模化养殖程度处于稳定态势，养殖场总量降低，生猪饲养业的规模化、集约化、专业化程度提升。美国学者 Larson（2005）在《生猪的饲养成本和效益的比较分析》中指出，随着生猪饲养规模的扩大和养殖专业化程度的提高，生猪饲养的效益不断提高。其中的主要原因是生猪饲养规模化的扩大提高了养殖饲料的利用效率，而饲料费占生猪饲养成本比重较大，养殖户因此降低了生产成本，提高了经济效益。

Key et al.（2003）提出，美国生猪饲养业结构改变的 2 个主要特点是专业化水平的逐步提升和生猪饲养规模的迅速扩大，同时探讨了导致美国生猪饲养业结构发生改变的原因。美国艾奥瓦州大学，Fang et al.（2002）发表的《美国中东部生猪饲养成本和中国比较》一文中也提到了饲料转化效率的问题，文中指出农户散养生猪的饲养周期一般比专业化和规模化养殖户更长，导致散养户饲养成本随时间延长而不断上升。Adkilcari et al.（2003）在其研究中提出，联盟组织的结合有利于生猪规模化养殖的发展，龙头企业的带动作用加速了规模化的进程，建立合适的市场体系可以使规模饲养户获得较大的竞争优势，以此降低其饲养成本。

随着科学技术的发展和大量政府资金的投入，生猪规模化养殖被注入了新的活力。Nehring et al.（2003）认为，近年来畜牧业科学技术的进步是推动生猪规模化养殖的巨大推动力，它加快了畜牧业规模化的脚步，许多生猪散养户由于利润空间受到规模化养殖场的压制渐渐改变或者放弃了原有的养殖模式，养殖场的整体数量在不断下降，但生猪供应量却在不断上涨。Herath et al.（2007）指出，生猪饲养科学技术的飞速发展将很多劳动力逐渐从繁重的生产中解放出来，使得生猪养殖户的饲养成本大大降低，饲养者获得了更多的收益，因此也愿意加大投入，扩大原有的饲养规模。随着信息技术不断应用于生猪饲养业，生产和管理方式变得更加有效和科学，为养殖户做出准确的生产决策提供了很大的帮助。

2. 国内的研究

我国生猪饲养的发展是一个不断规模化的过程，生猪规模化饲养的理论和实践相比欧美等农业发达国家起步较晚，但自20世纪末开始，尤其是21世纪以来，我国大量学者致力于生猪规模饲养的研究，生猪规模化饲养在我国也出现蓬勃发展的势头。

张晓辉等（1997）利用1986—1995年10年间全国10个省份1万个农户的调查数据分析发现，饲养农户的数量不断减少，而饲养规模在不断扩大。李真（2009）在研究中以多项生猪饲养指标为参数，通过比较分析散养生猪和规模养殖生猪各自的优势和劣势，得出了规模化生猪饲养优于生猪散养的结论。沈银书等（2011）认为我国生猪饲养逐渐由散养转向规模化养殖的原因，主要有科学技术的发展、人口规模的扩大、社会生产力的提高等方面，并指出我国的生猪规模化养殖虽然发展较快，但相比于欧美等发达国家仍有较大的提升空间。翁贞林等（2015）基于成本收益数据，运用Malmquist指数法，对生猪散养、小规模饲养、中规模饲养和大规模饲养4种模式和要素生产率进行分析，得出了规模化养殖模式具有较大的产品优势，中规模和小规模生猪饲养的技术效率值高的结论。付东（2015）就全国的生猪饲养规模与其成本效益作了讨论分析，通过实证研究发现总体上中小规模养殖在成本效益上优于大规模饲养，针对不同地区的不同条件，要选择适当的饲养规模，并在加强科技创新的基础上，推动生猪产业化发展。李海清等（2013）提出随着我国居民生活水平的提高，人们对猪肉消费的需求量还将进一步增加，生猪规模化养殖的发展还需要来自消费市场的更大刺激和来自政府政策的支持。张永强等（2016）则通过分析近10年黑龙江省各个成本项目的变动趋势，挖掘了影响小规模生猪饲养成本的主要因素，认为小规模生猪饲养要更加注重生产组织形式的创新和风险防范机制的健全。

在规模化模式方面，吴春明等（2004）认为，畜牧业规模化养殖有区域规模化养殖、畜牧小区养殖和大规模化养殖3种形式。闫春轩（2008）认为，我国畜牧业的养殖方式已发生深刻变革，家庭规模养殖、小区养殖、专业场养殖已成为规模养殖的主要模式。薛继春等（2006）结合调查对不同规模养殖模式进行了分析评价，提出应鼓励发展小规模养殖，支持发展中规模养殖，适度发展大规模养殖。傅浩然等（2008）探讨了现代规模养猪生产的几种主要模式：专业化养猪公司模式、规模一体化养猪企业模式、多方合作养猪模式、专业化适度规模养猪模式、养猪协会模式。张军民等（2008）分析比较了我国目前生猪养殖模式，提出我国未来应发展"椭圆形"养猪模式：农户散养占10%～20%，中小规模标准化养殖场（小区）养殖占60%～70%，大规模集约化养殖占10%～20%。刁运华（2008）在研究中提出，随着政策的变化和社会的不断发展，资金来源逐渐多样化、对环境的保护要求变高等因素会使得我国的生猪饲养业由农户散养为主向适度规模化发展，具体发展规模的大小由当地的自然和社会条件共同决定。吴学兵等（2012）用概率优势模型对我国15个生猪主产省份在不同饲养规模水平下的比较优势进行分析，认为应根据不同产区的比较优势优化生猪生产布局，各产区也应根据生猪不同饲养规模的比较优势进行适度规模经营。

姜冰等（2008）通过《全国农产品成本收益资料汇编》的数据对黑龙江省的生猪饲养情况进行了分析，发现传统的生猪散养依旧是黑龙江地区最广泛的饲养模式，而生猪饲养的规模化程度较低。而张园园等（2012）使用数据包络分析（DEA）的方法分析了山东省生猪散养、小规模饲养、中规模饲养和大规模饲养的生产效率，发现山东省大规模生猪饲养的技术效率最高，但在与全国其他省份的比较中，山东省的规模生猪饲养效率并没有显现出优势。王韵等（2014）研究发现中等规模的生猪饲养模式与小规模饲养模式相比较，在科学技术与管理水平方面占据优势。吴学兵等（2012），分析了我国 15 个主要生猪生产省份的各自优势，发现不同省份在不同规模的生猪饲养上有各自的优势，因此各个省份需要根据自身的优势来制定政策和发展计划，从而刺激整个生猪产业的快速稳定发展。孟野等（2016）对云南农村地区进行调研发现，云南农村地区生猪散养情况普遍，规模化程度相对较低，但随着科技的发展和政府政策的改变，规模化养殖已经成为云南省生猪产业发展的必然。杨眉等（2016）在江西省规模化猪场运用物联网技术，构建起了全新的生猪饲养物联网系统，使得猪舍环境实现智能化控制，建立了具有江西省特色的新型生猪规模化饲养体系，促进了江西省规模化生猪养殖的进一步发展。

由于饲养规模的持续扩展，很多专家学者开始寻找一种效益最高的饲养规模。但对于我国最优生猪饲养规模的选择，学者们莫衷一是。张晓辉等（2006）采用 2 个主要的数据资源，研究提出我国的生猪饲养从农户散养进入规模化这一进程中，中规模饲养的效益最高并且最适合。李桦等（2007）运用统计指数因素分析模型对于2000 年和 2003 年我国不同规模生猪饲养业的生产成本进行了深入的研究，认为中规模饲养是生猪饲养规模化养殖中的最佳模式，并提出构建该模式的措施与建议。李秋生等（2016）对云南省不同规模的生猪养殖户进行了实地调查研究，也证实了中规模饲养生猪是目前我国生猪饲养模式的最优选择的观点，他们通过计算不同规模生猪养殖的盈亏平衡点，最终发现中规模生猪饲养模式的收益高于农户散养和其他规模饲养的饲养效益。也有学者认为小规模饲养比较占据优势，如洪灵敏等（2012）利用对比分析法探讨了生猪饲养的成本构成，得出我国生猪规模化的饲养模式所产生的成本要低于传统的散养方式的结论，同时提出，最适合我国生猪饲养的模式是小规模饲养。

二、生猪饲养成本效益的研究

Sharma et al.（1997）对美国夏威夷养猪场进行考察后发现，净利润与生猪饲养规模的大小呈现明显的正相关，而总经济成本高低与生猪饲养规模的大小呈现明显负相关。更重要的因素是，大规模猪场可以相对较低的价格买入饲料，且使用的劳动量明显偏低，一头母猪每年也能够生产更多数量的断奶仔猪。Brewer et al.（1998）对 1995 年美国中西部的中小规模生猪养殖场与大规模生猪养殖场的研究中发现，大规模养猪场每头猪的生产成本要显著低于中小规模养猪场生产成本。此外，规模不同的生猪养殖场的收益也是不相同的，但是这些收益的不同并不仅仅是由于规模方面的差别所导致的。大规模生猪养殖场生产的猪肉中瘦肉比重较高，加上上市的活猪重量都是均衡的，这更有利于提高收入。美国艾奥瓦州大学的 Fang et al.（2002）通过研究发现，虽然中国生猪饲养历史悠久，但美国生猪饲养在成本效益方面的表现比中国更好，主要是美国饲料工业技术发达、生猪规模化养殖程度高两个方面的原因，劳动生产的效率整体上中国和美国也有一定的差距，中国生产效率的低下加大了控制生猪饲养成本的难度，从而提高了生产成本。Brum et al.（2004）等在实地调研后，通过总结和分析所获取的数据，充分验证了规模化养殖对降低生猪饲养成本的积极影响，他们在调查中发现，规模化和专业化越好的养殖场，越具有更好的生猪成本控制体系，饲料利用率高且预防和控制疫病的能力强，这些因素会使得生猪饲养成本得到更好的控制，使之在价格方面体现优势。Key et al.（2003）、Brum et al.（2004）对美国 1998 年生猪实际调研数据进行分析，结果验证了生猪饲养业规模经济的存在，在一定范围内，伴随着生猪饲养规模的逐渐加大，生猪的饲养成本会显著减少。Schaffer et al.（2012）提出，在忽略外界因素的时候，散养以及传统生猪饲养方式猪肉的生产成本要比规模化生猪养殖场的生产成本高，但若是考虑粪便处理费用的时候，散养或传统生猪饲养方式猪肉生产成本就有可能低于规模化生猪养殖场。

近些年，我国的专家学者对生猪饲养成本效益方面的研究也逐渐增多，普遍发现生猪饲养规模会对成本效益发生作用。王济民等（1999）统计了四川省 300 多户养殖户相关数据，研究结果表明：养殖的规模与成本利润率存在一定的正相关，生猪饲养业的标准化和规模化水平日趋加强。在从规模角度对生猪饲养成本效益的研究方面，薛毫祥等（2006）运用相关数据对国有大中型养猪场、养猪专业户和农户散养 3 种生猪饲养模式的成本净收益率进行了对比，结果表明在 3 种不同的饲养模式中，养猪专业户模式的成本净收益率比其他 2 种饲养模式要高；同时沈银书等（2012）运用《全国农产品成本收益资料汇编》中的相关数据，比较了不同养殖规模下生猪的成本效益，认为从生猪饲养的成本效益角度来看，中小规模养殖要远远比大规模养殖更占上风；同时提出，我国生猪饲养要结合实际情况综合考虑，不能完全依照美国的养殖方式，不可一味加大养殖规模，而是应该以保持"适度规模"为最佳。付东（2015）也对生猪饲养模式及其成本效益作了讨论，认为相比较大规模饲养来说，中小规模饲养具备某些程度上的成本效益优势，并阐述了生猪的饲养水平并没有伴随养饲养规模的加大而获得较大程度的提升。刘清泉等（2012）采用相关数据法探讨了 1997—2010 年生猪饲养效益的影响因素，同时利用相关系数法验证了各种不同因素的影响程度，结果发现，规模饲养户在成本方面具有一定水平的优势，同时提出发展生猪饲养业、提高饲养收入的重要举措是完善生猪品种构成、提升规模化生产水平、稳固生猪产业链的价格体系。薛毫祥等（2015）进一步运用比较分析的方法，通过分析比较不同规模生猪饲养的总成本以及各构成要素，发现中小规模养殖在成本方面更具优势。

刘芳等（2002）从生猪饲养业成本效益构成角度，对我国 20 世纪 90 年代生猪饲养专业户、国有集体 2 种养殖规模，构建多元线性回归模型进行了成本效益的研讨，结果发现：影响生猪饲养业成本效益最重要的因素是仔猪费、人工成本、饲料费用、管理费用等。杜婷（2014）指出人工、饲料以及仔畜是生猪饲养过程中 3 个最为重要的成本项目支出。白冬雪（2016）通过对黑龙江 217 家生猪养殖场户进行实地调研，探究生猪生产者盈亏平衡，研究发现仔畜费用以及饲料费用是生猪饲养 2 个关键因素。顾国达等（2001）分析了我国生猪饲养业所具有的优势和成本效益，并对如何提高该产业在国际市场上的竞争力进行探究。结果表明，在加入世界贸易组织（WTO）前，我国的生猪饲养业在国际市场上具有一定的成本优势，主要是因为我国的生产要素费用低，特别是劳动力费用和饲料费用。在加入 WTO 以后，对于生猪饲养业来说会面对更为激烈的市场竞争。李真（2009）依据散养户与规模户饲养的多个评判标准，提出了相对散养户而言，规模化饲养无论是生产效率、饲料利用率还是饲养水平等更具备有利条件，对以后生猪饲养业的发展前景提供了模板。在提升生猪饲养成本效益的措施上，高宝明（2005）通过对生猪饲养的实际情况调查分析发现，提高养猪效益的关键是，运用各种方法减少饲养成本和着眼于市场情况。

不同地区不同省份的成本效益也存在一定差别，符刚等（2013）采用实证法探究影响四川省新津县 60 多个生猪规模化养殖场生产收益的因素，得出结论：管理者文化水平、资金投入量、国家政策扶持都会直接影响生猪规模化养殖的成本利润率和投入产出率。而张园园等（2014）应用修正熵权-TOPSIS 模型，将山东省生猪饲养的成本效益与我国其他地区的情况进行对比，分析发现山东省散养和小规模饲养的成本利润率比全国平均水平要低，而中、大规模饲养的成本利润率要高于全国平均水平。冯永辉（2006）研究了我国生猪饲养业的历史沿革和发展历程，自加入 WTO 后，生猪饲养业的规模化发展始终保持高速状态，原本的生猪主要生产区的产量在逐步上升，新发展的生猪生产区在急速进入壮大阶段，由于东北产区和黄河流域产区的物质资源丰富，生猪饲养业也得到迅速的提升。

近些年，突发性生猪疫病导致育肥猪死亡率上升，死亡损失费也逐渐成为饲养成本中不可忽视的组成部分，如何降低死亡率也和生猪饲养成本的高低紧密相关。谢梦奇等（2013）在研究中发现，规模化生猪养殖饲养密度大，一旦爆发疫病就会快速大量传播，控制难度加大，因此提出了要合理布置猪圈饲养数量和健全生猪健康档案记录等措施，尽可能避免规模性疫情的出现给猪场带来巨大的损失。罗鹏飞（2016）在研究中发现，随着我国生猪饲养业进入快速发展期，规模化饲养已成为主要生猪饲养趋势，但大多数猪场规模的快速扩张并没有伴随着生猪疫病防治体系的升级和拥有更多医学防疫常识的生产人员的配备，导致生猪饲养的科学性和有效性不高，因此提出要重提高饲养人员的专业技术水平和医疗防疫意识，保证生猪健康养殖的有序进行，从而更好地降低生产成本。季凤文（2017）也提出，在加强猪舍卫生管理和提高饲养人员防疫意识的同时，各级畜牧局要配备专业的兽医巡视人员定期到所负责辖区进行巡查监测，建立良好的疫情反馈机制，将爆发生猪疫病的可能性降到最低。

三、研究述评

国内外专家、学者关于生猪规模饲养和生猪饲养成本效益的一系列的研究表明：随着科学技术的发展和社会进步的需求，生猪规模化饲养逐渐取代生猪散养的趋势不仅在我国表现明显，在全球范围也都体现出同样的趋势，现代化和专业化的生产是如今生猪产业最大特色。规模化生猪饲养的成本利润在许多方面体现出了优势，这些研究成果对未来生猪饲养成本的控制与效益的提高以及整个生猪产业体系的快速健康发展都具有重要的意义。

西方发达国家的科学技术较为先进，推行生猪规模饲养实践较早，并且政府对于畜牧业的规模开发投入了大量的资金和人力支持，促进了其生猪规模化养殖的快速发展。另外，注重人才的培养和专业化技术人员的配备使得欧美国家在生猪饲养生产过程中有着更明显的优势，提高了生产效率、饲料利用率、工人作业效率，更好地控制了生产成本，在猪肉的食品质量安全监察和防疫方面建立了更高、更严格的审查标准。国外的研究是建立在一整套的饲料生产、品种培育、繁殖、营养、环境保护和食品安全等技术体系上的，我国现阶段与国外的生猪养殖还有较大的差距，我们在发展中应该不断地借鉴发达国家的技术创新机制，吸收有益的实践成果，与我国的实际相结合，促进我国生猪产业的研究和发展。

我国生猪规模化养殖的发展相对较晚，前期的研究大多侧重于生猪养殖规模化发展进程、生猪规模化养殖模式等方面，并且对生猪饲养成本效益研究大多数只是基于国家统计数据的描述性分析，研究也主要集中在作用、意义、发展重点、未来趋势等方面，对特定省份不同饲养规模的具体影响因素和饲养效率的研究不足，缺乏具体养殖户的真实数据，导致对我国生猪饲养行业的真实成本控制和规模发展问题研究不充分。近几年我国关于生猪饲养规模和成本控制的研究逐渐增多，国家对于生猪规模化发展也更加重视，政府加大了畜牧业方面的投入，着重支持饲养的规模化转型，另外，提高生猪饲养人员的整体素质和科技创新能力也受到了很大的重视，畜牧生产与环境保护协调发展等也逐渐普及。这些措施的实施将推进我国生猪产业规模化发展，有利于养殖农户降低饲养成本、提高收益，提高我国生猪产业在世界范围的整体竞争力，走出一条具有我国特色的养猪发展之路。鉴于此，本书根据山东省不同饲养规模的现状深入研究山东省生猪饲养的成本效益，具体分析不同规模饲养成本的影响因素，生猪价格的变动幅度，养殖规模的最优选择，并对现阶段山东省分布范围最广的小规模生猪养殖户的成本态势作具体研究，从而为降低成本波动对生猪养殖户带来的影响，提高农民资金来源，加快规模化进程，提升山东省生猪饲养业的整体竞争能力，做出一定的贡献。

第三章　研究的内容、方法与技术路线

一、研究内容

本书通过对国内外生猪饲养成本效益的文献进行梳理，发现国内学者的研究侧重于对全国不同规模生猪饲养成本效益发展态势的描述性分析，缺乏特定省份饲养成本效益的具体分析，所以本书根据 2005—2018 年《全国农产品成本收益资料汇编》的统计资料，选取 2004—2017 年山东省不同规模生猪饲养数据，基于成本控制理论、规模经济理论、成本效益理论和比较优势理论，首先对山东省不同规模生猪饲养成本差异、变动趋势、影响因素、成本构成进行分析。然后分别对山东省生猪饲养成本与全国平均水平、全国最高水平、全国最低水平进行比较，发现山东省各个规模生猪饲养在全国范围的优势和劣势，并单独对山东省分布范围最广的小规模生猪饲养的成本进行深入分析，最后分别以每头生猪收入指标和成本净收益率指标对山东省生猪饲养效益进行分析，得出相关结论，并提出控制饲养成本，提高饲养效益的建议。研究框架如下：

第一章，研究背景、目的与意义。本章对研究的背影、目的与意义进行系统介绍。

第二章，对已有的研究文献进行梳理。从饲养规模发展研究与饲养成本效益研究两个方面梳理相关文献。

第三章，阐述研究的内容、方法与技术路线。对研究的主要内容、应用的方法与研究的技术路线进行介绍。

第四章，主要概念界定与理论基础分析。首先对生猪饲养成本、效益的概念进行界定，然后对生猪饲养规模的划分标准进行界定，最后对研究依据的基本理论进行阐释，包括成本控制理论、规模经济理论、成本收益理论与比较优势理论，为下文进一步分析提供理论依据。

第五章，对山东省不同饲养规模生猪饲养成本进行分析。研究山东省不同饲养规模生猪饲养成本的变化趋势，进而找出各成本构成项目变动对各个规模生猪饲养成本的影响程度；然后将山东省不同规模生猪饲养的饲养成本与全国最高、最低和平均成本进行比较，根据不同年份和不同阶段的对比发现山东省各个规模生猪饲养在全国范围的优势和劣势；最后根据上述分析揭示不同饲养规模条件下每头生猪饲养成本变动的原因。

第六章，对山东省农村地区分布范围最广的小规模生猪饲养的成本态势进行分析。首先通过研究山东省小规模饲养成本近10年的变动趋势，找出各个成本构成项目对小规模生猪饲养成本的影响程度；然后将山东省小规模饲养的饲养成本与相邻省份进行对比，展现山东省小规模生猪养殖户在饲养成本方面的相对与绝对地位；最后选取山东省临沂市小规模生猪养殖户的真实成本进行调研分析，为山东省小规模生猪养殖户找出饲养成本居高不下的原因，并为进一步控制生猪饲养成本、提高养殖户的效益提供参考。

第七章，对山东省不同规模生猪饲养效益进行分析。首先，分析每头生猪的收入，选取生猪成本净收益率和每头生猪净收益2个指标对山东省生猪饲养效益进行分析；然后运用线性回归模型对不同养殖规模成本、收入要素对饲养效益的影响因素以及影响程度进行实证研究；最后，将山东省不同规模生猪饲养的饲养效益与全国最高、最低和平均水平进行比较，分析出山东省不同饲养规模生猪饲养效益在全国所处的水平。

第八章，对山东省生猪饲养规模的选择进行分析。本章利用灰色局势决策法，通过模型构建与数据计算，选出最适合山东省的生猪饲养规模。

第九章，总结研究结论、提出政策建议。根据分析得出山东省不同生猪饲养规模的成本和效益结论，并根据得出的结论，提出降低饲养成本、提高饲养效益的政策建议。

第十章，研究展望。提出研究的不足及进一步研究的方向。

本书围绕山东省生猪饲养的饲养成本势态与特点、成本效益、饲养规模的确定展开，主要研究内容如下：

（1）分析山东省不同饲养规模生猪饲养成本及主要成本项目对成本的影响程度，并与全国生猪饲养的最高、最低和平均成本进行比较分析。

（2）针对山东省分布范围最广的小规模生猪饲养成本及主要成本项目进行研究，并与河北省、江苏省、全国数据进行对比分析。

（3）选取山东省临沂市一家具有代表性的小规模生猪养殖户，通过实地调研和问卷调查获取此养殖户的实际饲养成本数据，并与小规模生猪饲养的国家统计数据进行对比分析，寻找山东省小规模生猪饲养成本高的具体原因；为山东省小规模生猪养殖户更好地降低饲养成本和提高效益提供一定的依据。

（4）在对山东省生猪饲养业成本收益情况分析的基础上，运用多元回归模型对影响山东省生猪饲养效益的因素及影响程度进行分析，并将山东省生猪饲养效益与全国数据进行对比分析。

（5）通过运用灰色局势决策方法比较不同生猪饲养规模的综合效果，探求最适合于山东省生猪饲养的规模层次。

二、研究方法

本书主要通过规范分析与实证分析相结合的方法，具体运用文献分析法、统计分析法、个案分析法、比较分析法、规范分析法和实证分析法，对山东省生猪饲养的规模、成本效益问题进行系统深入研究，以期为山东省生猪饲养业的健康可持续发展，选择合适的规模饲养模式、降低成本提高效益提供实际支持，并提升成本控制理论在生猪饲养业中的应用水平。

（一）文献分析法

通过查阅与研究相关的书籍，检索了中国知网、万方等数据

库，阅读大量相关的期刊、专著、硕士学位论文和博士学位论文等
文献资料，同时登录山东省和临沂市畜牧局网站查阅与本书研究相
关的资料。收集和归纳国内外有关生猪规模饲养和成本控制方面的
理论和近几年的相关研究成果，并对其进行对比和分析，了解此领
域国内外专家的研究进展，进行经验的吸收和借鉴，为本书研究奠
定一定的理论基础。

（二）统计分析法

通过对 2005—2018 年《全国农产品成本收益资料汇编》数据
的整理、计算和分析，提炼获得全国、山东省、江苏省、河北省有
关生猪农户散养、小规模饲养、中规模饲养以及大规模饲养的生产
成本及其构成的相关数据，并对数据进行横向比较和纵向分析。运
用综合统计指数法分析不同饲养规模生猪饲养成本的变动情况，得
出消耗量和价格变动对饲养成本项目的影响程度和影响结果。分析
山东省小规模饲养生猪在成本方面存在的优势和劣势，得出相应的
结论，为帮助山东省小规模生猪养殖户能够更好地降低饲养成本、
做出更科学合理的生产决策、提高养殖户饲养效益提供依据。另
外，将制作的调查问卷下发到各个相关养殖场，定时回收调查问
卷，并对收集的各个养殖场的具体数据进行统计和归纳分析。

（三）个案分析法

本书通过梳理山东省、相邻省份以及全国的统计数据，选取典
型的小规模生猪养殖户进行个案研究，将实地调研数据与统计数据
进行对比，探究个例与整体之间的关系，找出在具体的环境背景下
以 S 养殖户为代表的广大山东省小规模生猪养殖户在成本项目方面
存在劣势的原因，针对原因给出山东省小规模生猪养殖户降低饲养
成本的建议。

（四）比较分析法

本书将山东省不同饲养规模的生猪饲养成本、饲养效益与全国

相同饲养规模生猪饲养成本、饲养效益的平均水平、最高水平和最低水平进行比较，探究山东省生猪饲养的优势与不足。

（五）规范分析法

本书结合以往学者的研究，对饲养成本和饲养效益的概念进行了界定，论述了生猪饲养规模的划分标准，并对与生猪饲养成本效益有关的基本理论进行了研究，主要包括成本控制理论、规模经济理论、生产及成本收益理论和比较优势理论。

（六）实证分析法

本书展开了两个实证分析：①运用回归分析法，从饲养成本和收入两个方面选取变量，与饲养效益建立回归模型，找出影响生猪饲养效益的显著因素；②灰色局势决策法，将事件、对策、效果、目标决策4要素综合考虑，比较山东省生猪农户散养、小规模饲养、中规模饲养、大规模饲养的综合效果，对山东省目前或未来一段时间内的养殖规模层次水平做出战略选择，力求从客观层面寻求适合山东省生猪饲养的最佳规模层次。

三、研究的技术路线

本书在通过文献分析法梳理前人研究成果的基础上，依据全国农产品成本效益统计数据，在生猪饲养业波动震荡的背景下，运用统计分析法和规范分析法分析不同规模下的成本效益及其构成的变动趋势，运用综合统计指数法研究不同规模下各成本构成项目的价格和消耗量对成本的影响程度及结果，将山东省生猪饲养成本效益数据与全国数据进行对比分析，并对山东省临沂市小规模生猪养殖的成本效益进行实地调研分析，运用线性回归模型找出影响饲养效益的主要因素，运用灰色局势决策方法选择最优的饲养规模，以期能因地制宜地选择饲养规模、控制饲养成本、提高经济效益、减少产业波动，针对性地提出政策建议（图3-1）。

第三章 研究的内容、方法与技术路线

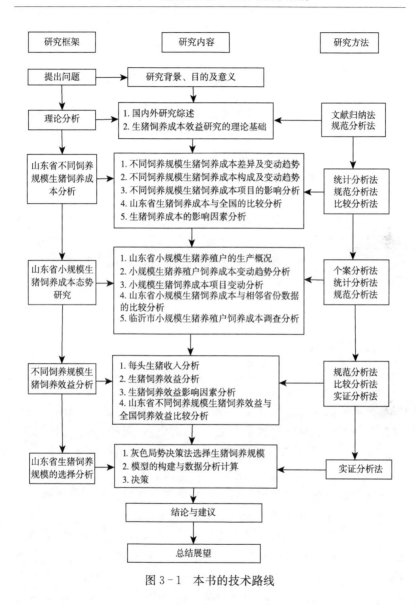

图 3-1 本书的技术路线

第四章　生猪饲养成本效益研究的理论基础

一、生猪饲养成本、效益的界定

成本作为商品生产的经济范畴，随着产品交换而产生，又随着商品经济的发展而不断改变其表现形式，特别是在商品经济日渐成熟、互联网信息技术不断发展和应用、大数据时代到来的今天，因为经济管理的需要，其内涵和外延处于不断的变化扩展之中。

（一）成本的含义及生猪饲养成本的界定

1. 成本的含义

美国会计学会与标准委员会将成本定义为，为了一定的目的而付出（或可能付出）的用货币测定的价值牺牲。按照此定义，劳动成本、资金成本、开发成本、资产成本、质量成本、人力成本、环境成本、交易成本等都包括在成本的内涵中，组成了多元化的成本概念体系。因此，单纯使用"成本"一词已很难确切表明它的含义，只有指明是什么具体成本时，才能对它的特定目标和问题做出较为准确的表达。对生猪饲养成本和效益进行研究需要首先确定其成本范围以及不同成本组合。

目前，我国会计核算采用的是制造成本法，也就是把制造企业的产品生产成本界定为制造成本的范围，与产品制造有密切联系的费用称为生产费用，分为直接费用与间接费用。直接费用直接记入产品生产成本，间接费用由"制造费用"账户汇集，而后分配记入产品的生产成本。而把与产品制造联系不密切的企业管理费用、产品销售费用、财务费用称为期间费用不再记入产品的生产成本，所以，目前会计核算中的生产成本的概念是一个窄范围的制造成本的概念，而本书使用的 2005—2018 年《全国农产品成本收益资料汇编》的统计数据，是全国各省份不同规模生猪饲养的完全成本，因此，本书涉及的生猪饲养成本是包含着目前会计制度规定的制造成本与期间费用的生猪饲养过程中发生的全部支出。

2. 生猪饲养成本的界定

生猪饲养成本是指为生产一定数量和质量的生猪所发生的全部耗费的价值，即生猪饲养过程中发生的全部支出，包括物质与服务费用、人工成本和土地成本。这里的生猪饲养成本是一个完全成本的概念。其中，物质与服务费用包括生产过程中消耗的各种生产资料的费用、购买各项服务的支出以及与生产相关的其他物质性支出，分为直接费用和间接费用。

本书所应用的生猪饲养成本是一个完全成本的概念。分析使用的生猪饲养成本数据来源于 2005—2018 年《全国农产品成本收益资料汇编》中对全国各省份不同饲养规模生猪饲养成本数据的记载。但在具体分析过程中，由于资料汇编数据的统计口径原因，采用了资料汇编中给出的不同口径的成本数据。比如，在分析各饲养规模 2004—2017 年成本差异和变动趋势时，采用的是资料汇编中收益表里的单位饲养完全成本的数据，包含土地成本；在分析各成本项目的影响时，分析数据取自资料汇编中饲养费用和用工表中成本项目的数据，不包含土地成本，消耗量、价格变动影响分析都是不含土地成本的饲养成本。成本项目主要涉及仔畜费用、饲料费、人工成本、医疗防疫费、死亡损失费、土地成本、固定资产折旧、燃料动力费、销售费用、维护修理费、保险费和其他直接费用等项目。具体成本项目含义如下：

（1）仔畜费用，指农户自繁自养的仔畜或对外购买仔畜的费用。自繁自养的仔猪按照实际的饲养成本计算仔畜费用，对外购买的仔畜费用为购入仔猪价格与运输费用的总和。

（2）饲料费，指生猪育肥期间实际耗用的粮食、豆饼、混合饲料、野生植物的粉碎物等费用的总和。农户自有的饲料项目按照市场价格计入，外购的饲料项目费用为购入价格加运杂费等。饲料费实际包括精饲料费和青粗饲料费，但 2012 年以后山东省饲料费中已经不再涉及青粗饲料费项目。所以本书使用的全国及各省份的饲料费均为精饲料费和青粗饲料费之和。

（3）人工成本，指生猪饲养过程中家庭劳动力人工折价和雇用工人耗费成本的总和。家庭劳动力成本＝家庭劳动力用工天数×当地劳动力工价；雇用工人成本＝雇用工人天数×当地雇工工价。

（4）医疗防疫费，指生猪饲养过程中进行仔畜疫苗注射、猪舍定期消毒、多发性疫病治疗等费用支出的总和。

（5）死亡损失费，指生猪存栏期间因发生疫病、极端天气和其他特殊情况等引起育肥猪死亡，导致生猪饲养成本整体上升的费用。

（6）土地成本，指生猪养殖户私有土地的租金折价或租赁他人土地进行生产的租金。私有土地的折价反映了土地投入生猪饲养时的机会成本，一般参照当地土地对外租赁的价格计算。

（7）固定资产折旧，指生猪连续饲养周期使用年限大于 1 年的生产用房屋、机器、运输工具和其他生产使用相关设备，按照 8%～25%的折旧率进行折价，计入生产成本。

（8）燃料动力费，指生猪饲养过程中消耗的煤、电、油等支出项目，主要包括煤费、电费、油费和其他燃料费等费用。

（9）销售费用，指为了销售育肥生猪所产生的运输费、包装和装卸以及广告等费用。

（10）维护修理费，指生猪饲养周期内用于修理和维护各种饲养工具、器械和设备等支出的修理和维护费用。个别较大数额的修理和维护费用可以根据此次维修或维护的使用年限进行平均分摊。

（11）保险费，指生猪养殖户为其生产项目购买农业保险的支出。保险支出可以一次性计入生猪饲养成本，有的长期保险项目也可以根据购买年限平均分摊到各年度。

（12）其他费用，指与实际生猪饲养过程相关的除了上述费用支出以外的一系列其他费用，包括液氮支出、粪肥支出、尿素支出等。

一般而言，各具体的成本项目中仔畜费用、精饲料费、青粗饲料费、医疗防疫费、死亡损失费和人工费用所占比重较大，是决定生猪饲养成本高低的主要项目。

（二）效益的含义及生猪饲养效益的界定

效益是指劳动（包括物化劳动与活劳动）占用、劳动消耗与获得的劳动成果之间的比较，包括劳动产生的直接效益与由劳动引起的间接效益。

生猪饲养效益是指出栏生猪的收入扣除饲养成本后的净收益。对生猪饲养效益的考核主要包括两个方面：①生猪饲养的直接效益；②生猪饲养的综合效益，包括直接效益和与生猪饲养密切相关的间接效益，如副产品等的收入。本书所分析的生猪饲养效益是指生猪饲养的直接效益，其高低取决于两个方面：①饲养成本；②生猪的市场销售收入。本书采用净收益和成本净收益率两个指标衡量生猪饲养的直接效益，净收益以每头生猪饲养产生的净利润表示，成本净收益率以每百元饲养成本的净利润表示。这两个指标可以进行准确的计算。净收益是养殖场（户）平均每头出栏育肥生猪的销售收入减去其饲养成本的绝对数，表示每出栏一头育肥生猪能给养殖场（户）带来多少净利润；成本净收益率是养殖场（户）年出栏育肥生猪的净利润除以其饲养成本的百分比，表示每投入百元饲养成本能给养殖场（户）带来多少净利润。前者是效益的绝对数，后者是效益的相对数，二者结合能够很好地反映生猪养殖者的饲养效益状况。

本书分析所用的成本效益数据取自 2005—2018 年《全国农产品成本收益资料汇编》中对全国各省份不同规模生猪饲养成本效益数据的记载。

二、生猪饲养规模的划分标准

规模是指生产的批量，规模具体有两种情况，一种是生产设备条件不变，即生产能力不变情况下的生产批量变化，另一种是生产设备条件即生产能力变化时的生产批量变化。规模经济概念中的规模指的是后者，即伴随着生产能力扩大而出现的生产批量的扩大，而经济则含有节省、效益的意思。借鉴权威的《新帕尔格雷夫经济学大辞典》有关生猪饲养规模的定义，本书涉及的生猪饲养规模是指基于饲养场地和生产能力水平的生猪平均存栏数量，具体反映的是平均每批次的生产能力。

平均存栏数量＝（期初存栏数量＋期末存栏数量）/2

本书沿用 2005 年《全国农产品成本收益资料汇编》的分类标准，即生猪散养指年平均存栏生猪头数在 30 头及以下（含 30 头）的养殖组织形式；小规模饲养指年平均存栏生猪头数在 30～100 头（含 100 头）的养殖组织形式；中规模指年平均存栏生猪头数在 100～1 000 头（含 1 000 头）的养殖组织形式；大规模饲养指年平均存栏生猪头数在 1 000 头以上的养殖组织形式。根据该标准，我国的生猪饲养规模被分为农户散养、小规模饲养、中规模饲养和大规模饲养 4 种类型。

三、生猪饲养成本效益的基本理论

（一）成本控制理论

成本控制是企业在生产和经营过程中为了避免资源的浪费，将成本作为控制的主要手段，通过制定成本总水平的指标值、可比产品的成本降低率以及成本中心控制成本的责任等，使成本降到尽可能低的水平，并持续保持已降低的成本水平，达到对企业经济活动有效控制的目的，是一项管理过程与活动。作为成本管理的一部分，成本控制在遵守法律法规的基本要求下，满足顾客群体、企业管理人员以及其他利益相关者的要求，使成本控制发生在采购和生产服务过程、销售过程、售后服务及其他管理过程。

随着经济社会的不断进步和发展，关于成本控制相关理论也逐步得到完善，成本控制由原来的只有事后控制也逐渐形成了事前、事中和事后三位一体的科学控制体系。

具有代表性的成本控制理论主要有作业成本控制理论、标准成本控制理论和战略成本控制理论。作业成本控制理论在 20 世纪 90 年代由美国人卡普兰提出，他改进了成本的分配方法，不再将成本简单地分解为单价和数量，而是以作业为主，通过实际生产作业的程序来计算累计的生产成本，虽然其计算量较大且计算过程复杂，但是它能够保证成本的准确性。标准成本控制理论最早可以追溯到《科学管理理论》（1911 年）一书，其原理就是提前对企业将要进行的经营生产活动进行合理的推测，制定一个标准成本，再将实际生产成本与之前拟定的标准成本作比较，对形成的误差做出研究分析，并采取合理的对策进行控制。但标准成本控制为事后控制的一种方法，准确性不高且不能够及时地进行反馈，这也是其发展的缺陷。战略成本控制理论与之前的成本控制理论相比有了较大的突破，企业为了实现长久的发展必然在经营管理中重视战略性的思考，战略成本控制理论很好地将传统成本控制理论和企业战略相结合，根据企业内外部的变化调整成本控制的战略，以实现优化成本结构的目的，使得企业在发展过程中持续保持良好的竞争力。

饲养成本控制是生猪养殖企业追逐经济效益的辅助目标之一，降低饲养成本对于提高效益意义重大。本书涉及的生猪饲养成本的控制可以分成本和控制两部分来理解，其中饲养成本是指养殖户为了获取最大利润而投入的成本，而饲养成本的控制着重于管理，即生猪饲养成本的控制是指对养殖场（户）所投入成本的管理。它贯穿于饲养过程的始末，如生产环节、销售环节、产品研发环节和人力资源环节等。对于生猪饲养业来说，成本控制需要将作业成本控制理论、标准成本控制理论和战略成本控制理论相结合，把成本控制分为 3 部分：事前控制、事中控制和事后控制。生猪饲养成本的事前控制，主要是根据养殖场（户）对于市场的了解制定合理的预算，做出成本计划和决策。事中控制是在生猪能正常饲养的情况下，对饲养生猪过程中发生的成本进行合理调整、适度压缩，以便能降低成本提高效益，是成本控制的重要关注点。事后控制，发生在销售环节后，是对整个饲养过程进行成本分析形成成本反馈进而改善成本控制的措施。

（二）规模经济理论

规模经济是指在一定的条件下与时期内，增加产品的绝对产量时，产品的单位成本随之下降，即扩大经营规模可以降低平均单位成本，从而提高企业整体的利润水平。

在《资本论》中，马克思认为只有大规模地提高劳动生产率才能将劳动的分工和结合更好地组织起来，使得生产资料大规模地聚集，产生巨大的自然力为生产服务。马克思指出，随着生产规模的扩大，促使产品的供销联合和资本不断扩张，同时降低了生产的成本。这与马歇尔等的内部规模经济的论述相吻合。

经济理论的基本概念规范是研究一切经济理论的基础。无论是规模经济理论的鼻祖亚当·斯密还是其后的经济学家，都把成本的概念作为研究规模经济理论的基础与起点。

在相对较短的时间内，企业短期总成本由固定成本和变动成本构成。固定成本是指购买不变要素的支出，不随产品产量的变动而变动，一般是以长期贷款利息、固定资产折旧、厂房或设备租金的形式出现。固定成本是个常数，无论企业处于什么状态即使停产也照常存在。变动成本是指随着产品产量的变动而变动的成本，包括计件人工工资、直接材料和燃料等。

长期来看，成本并没有固定成本和变动成本之分，所有的生产要素的投入都是可变的。在长期的生产过程中，企业的生产规模也在不断地调整，同一产量可以达到的最低生产成本也在不断发生着变化。因此，长期总成本是在每一种产量下可以实现的最低成本。在企业投入生产的初期，投入远远高于所能达到的产出水平，造成了生产要素的浪费，因此，长期总成本曲线很陡。随着产量的提高，生产要素得到了充分的利用。随着生产能力的提高，成本增加的速度低于的产量增加的速度时，表现为规模报酬的递增。最后，由于设备的落后，成本增加的速度又大于产量增加的速度，表现为规模报酬的递减。规模报酬的先递增后递减决定了长期成本曲线的特征。

与规模经济相对应，范围经济也是引起企业长期平均成本下降的重要原因。范围经济是指由厂商的范围而非规模带来的经济，即当同时生产2种产品的成本低于分别生产每种产品所需成本的总和时，就被称为范围经济。只要把2种或更多的产品合并在一起生产比分开来生产的成本要低，就会存在范围经济；在同样的投入下，单一企业生产的多种有关联的产品产出水平要高于多个企业分别生产这些产品。在联合的生产方式下，多种产品分享着同样的生产设备和投入的资源，获得了比单一生产更多的报酬，却付出更少的投入，这种联合生产催生了范围经济。范围经济是企业采取多样化经营战略的理论依据，是研究经济组织的生产或经营范围与经济效益关系的一个基本范畴。一个地区如果集中了某项产业所需的人力、相关服务业、原材料和半成品供给、销售等环节供应者，就会使这一地区在继续发展这一产业中拥有比其他地区更大的优势。如果由于经济组织的生产或经营范围的扩大，导致平均成本降低、经济效益提高，则存在范围经济；如果因经济组织的生产或经营范围的扩大，出现平均成本不变，甚至升高的状况，则存在范围不经济。研究规模经济、规模与成本效益的关系也必然涉及范围经济。

就生猪饲养而言，规模饲养可以批量采购饲养物资，降低因零散或小批量采购物资的交易费用和运输成本。大规模的采购，可以提高养殖场（户）的话语权，增强购买者的影响力，从而得到比小批量购买更具优势的价格。规模饲养企业在产品宣传上更具有优势，可以利用电视、广播、报纸、刊物等多种宣传形式，宣传渠道更广；同时，可以做到广告所覆盖的地区产品均有销售，降低每件产品的广告宣传费用。而大企业设立全国性的销售和售后服务中心的能力更强，在促进产品销售的同时，降低了企业的产品销售费用。另外，差别化较大的产品的销售，与广告宣传有着密切的联系，通过广告宣传，突出产品的优势，提高产品的市场竞争力。在生猪饲养成本效益的研究过程中，需要考虑规模经济与范围经济问题。

规模经济理论认为，规模与成本有关，下列因素影响生猪饲养规模：

1. 饲养生猪的品种

不同品种的生猪、品种相同生产性能不同的生猪对环境要求都不同，而这些不同都有一定的规律可循。生产性能越好的品种，对环境的要求越高。以重要的环境要素温度为例，背部较瘦的猪，因背部较薄，散热性好，对温度的要求更为苛刻；体积越大的猪也更容易散失热量，对温度的要求也较高。目前，良种猪已经普及，规模养殖场的饲养条件也有了极大的改善，完全可以满足生猪的生存条件。鉴于养殖环境对生猪生长的重要性，大中规模养殖场把温度控制成本也纳入生猪总成本中，这就保证了生猪有更好的生长环境，饲料的利用率更高，养殖场（户）也获得了更大的利益。

中小养殖场（户）的品种一般为内三元杂交猪，对环境的要求较为宽松，更能适合我国生猪养殖环境。现实中，由于中小规模养殖场资金有限和养殖观念落后，养殖者往往较为单纯地追求利润，养殖密度大，保温和降温条件差，而养殖者并没有意识到这种成本因素甚至风险，虽然把80％的成本花在饲料上，但饲料转化率却很低，降低了生猪养殖的成本效益。

散养户及少数的小规模养殖场（户）以土猪品种为主要饲养品种，土猪品种对饲养条件的要求较为宽松，疫病防治简单，发病少，但是售价低，饲养效益差，农户自然逐步淘汰土猪品种。

2. 资源投入条件

生猪饲养业是资金密集型产业，饲养规模的大小一般是由投入资金的多少决定的。日常养殖中，大量的资金除了修建猪舍、购买养殖设备外，有50％以上的资金是被饲料所占用的，饲料是耗资最大的投入。我国农村金融较为落后，饲养业又是一个高风险的产业，因此，养殖场（户）贷款较为困难，资金的缺少影响了生猪养殖规模的扩大。

我国土地资源相对稀缺，人均耕地面积的大小对生猪养殖决策的影响并不明显。自20世纪90年代以来，玉米等粮食作物商品率逐渐提高，丰富的农作物资源为大规模饲养生猪提供了物质基础。生猪饲养与农作物生产之间既存在竞争关系，同时也有相辅相成的互补关系。随着中国加入WTO，不仅北方对高品质的进口玉米的需求量增加，南方也是如此。由于南方玉米价格高于北方，除了玉米，早稻和薯类也是散养和小规模养殖场（户）的主要饲料。在我国，生猪饲养和生产农作物主要是互补关系，对农户而言，养猪的机会成本为农户的非农业收入，养猪的机会成本越高，农户越倾向于不养或是少养猪。

虽然农村有着大量的富余劳动力，但养殖户一般较少雇用劳动力，养殖活动由家庭成员承担。随着城市化的推进，就业机会增加，工资水平提高，越来越多的农民选择了进城打工，家庭劳动的机会成本在增加。当机会成本超过了饲养收益，农户就会选择退出生猪饲养业。这个过程也会促进散养户的退出。

3. 饲料市场和产品市场的完善程度

市场化程度越高，农户的自产农产品的价格与市场出售的农产品价格越接近，自产饲料与购进饲料对生猪成本并没有什么影响，因此，自产农产品的多寡对于是否饲养生猪的决定并没有太多影响。同理，在高度市场化的猪肉市场，农户自产猪肉的价格与外购猪肉的价格区别不大，这个区别并不会影响消费者选择猪肉的来源。现阶段，我国的市场并不完善。各种产品的情况不尽相同，猪肉市场较为完善，饲料市场较为缺失，农户喂养生猪的食物较杂，不仅有自产和外购的粮食，还有自产的蔬菜等农副产品，这些导致了很难对农户的饲料成本做出准确的统计。这也导致了生猪饲料市场的不完善。一般而言，饲料市场和产品市场越完善，生猪饲养越倾向于规模饲养。

4. 需求规模

价格、供应量、商标知名度等因素都影响着产品的市场需求规模。猪肉是我国居民的主要肉食来源，随着城乡居民生活水平的提高，人们对于猪肉质量的要求在不断地提高，对健康、瘦型猪肉的消费呈逐步上涨的趋势。千家万户的散养生产已越来越难适应市场的剧烈竞争和人们的高要求，而规模化养殖不论是在适应市场竞争和提高经济效益，还是在实施标准化生产，提高畜产品质量方面都更具有优势。规模化养殖具有更好的服务、技术、产品销售渠道、产品质量，也能很好地满足市场和顾客对猪肉产品的需求。因此，规模化养殖是今后生猪饲养业发展的方向，大力发展规模化养殖是生猪饲养业的大势所趋。

以科斯为代表的新制度经济学派提出了交易费用理论，阐述了企业代替并管理市场交易对规模经济所起的作用。交易费用是随着信息技术的发展而使隐性成本显性化的过程。交易费用理论的提出，把成本效益的研究推向了深入。

（三）生产、成本收益理论

生产是对各种生产要素进行组合以制成产品或者提供劳务的过程，也即人类通过劳动变更物质的性能，创造或增加满足人类欲望的效用的过程。

生产要素即经济主体为生产物质产品或提供劳务所需投入的各种经济资源，包括土地、资本、劳动、企业家才能等，本质上是一种投入。从物质数量关系上考察投入与产出之间的关系，认识生产的一般规律，为提高经济资源的使用效率提供了重要依据。然而，作为生产主体的个体或厂商以追求最大收益为目标，其生产决策不仅要考虑生产的技术效率，更为重要的是要考虑生产的经济效率，这就决定了无论是个体还是企业在生产决策中必须重视为获取资源需要支付的代价，即成本，要对生产产品所获收益与为此所付出的代价进行权衡。成本概念有广义与狭义之分，广义上认为成本可以概括为一种"牺牲"或者说一种代价，不一定总能把成本简单化为货币的形式，也不能找到一种单一的、毫不含糊的和广为接受的成本计算方法。成本按照不同标准分为显性成本与隐性成本、机会成本与经济成本、私人成本与社会成本等。狭义上成本是一种能用货币计量的生产活动所需的投入，即会计成本。本书在分析生猪饲养成本收益所用的成本即狭义的成本概念，是生猪养殖过程中所需的一切能用货币计量的投入总和，包括物质与服务费用、人工成本等。

根据理性经济人的假设，任何一个经济主体选择它的投入与产出水平的唯一目标是获得最大的经济利润，即尽可能地扩大总收益与总经济成本之间的差额。成本收益分析是以货币为基础对投入与产出进行估算和衡量的方法。在市场经济条件下，任何一个经济主体在进行经济活动时，都要考虑具体经济行为在经济价值上的得失，以便对投入与产出关系有一个尽可能科学的估计。成本收益分析方法的前提是追求收益的最大化。从事经济活动的主体，从追求利润最大化出发，总要力图用最小的成本获取最大的收益。在经济活动中，人们之所以要进行成本收益分析，就是要以最少的投入获得最大的收益。所以成本收益分析具有 3 个特征：自利性、经济性和计算性。

成本收益分析的内在精神是追求最大收益，但这种对效益的追求带有强烈的自利性。成本收益分析的出发点和目的是追求经济主体自身的利益，它只不过是经济主体获得自身利益的一种计算工具。成本收益分析追求的效用是经济主体自己的效用，不是他人的效用，这是其指向性，即自利性。

由于经济主体具有自利的动机，总是试图在经济活动中以最少的投入获得最大的收益，使经济活动经济、高效。成本收益分析的前提——效用最大化就蕴含着经济、高效的要求。

经济主体要使自己的经济活动达到自利的目的，达到经济、高效，必须对自己的投入与产出进行计算，因此，成本收益分析蕴含着一种量入为出的计算理性，没有这种精打细算的计算，经济活动要想获得好的效果是不可能的。因此，成本收益的计算特性是达到经济性的必要手段。

本书根据生产、成本收益理论，考虑生猪饲养活动的经济效率，分析山东省生猪饲养活动的成本与收益。

（四）比较优势理论

比较优势理论的基本内涵就是事情要由具有更低的机会成本的

人或组织去做，以便能够降低成本提高效益。

亚当·斯密认为不同地区之间在生产技术上存在着差异，而技术的差异导致劳动生产率的不同，进而产生成本的绝对差别，贸易双方进口各自不具有相对优势的产品，比自己生产更加有利。大卫·李嘉图在其著作《政治经济学及税赋原理》中提出只要地区之间存在相对差别，就一定会产生产品价格的不同，使分工和贸易成为可能。但李嘉图的理论也存在着不足，没有进一步深入地解释造成生产率不同的具体原因。俄林和赫克歇尔提出了资本和土地及其他生产要素与劳动力一样都对生产过程影响重大，生产不同的产品需要配置不同的生产要素，而这种生产要素配置上的差别才是地区间贸易的基础。

运用比较优势，就是在不具备比较优势的事情上，果断放弃；在具备比较优势的事情上，果断进入；要不断降低在非主流因素方面的比较优势，集中精力抓住具备比较优势的主流因素。

李嘉图提出的比较优势理论距今已有 200 多年的历史，依然是指导普通贸易往来实践的原则，除此之外，比较优势理论还逐渐渗透到各个领域，表现出广泛的实用性。这就使得在社会生产、生活的许多方面，都要进行合理的社会分工，以达到劳动效率和实施效果的最大化。

在本书中，比较优势理论的指导意义具体体现在，尽管不同规模的生猪饲养模式的成本项目构成相同，但不同省份的生猪饲养，在地理位置、市场环境和季节气候等各方面外部环境存在差异，规模之间存在相对差别，其比较优势也不尽相同。本书通过分析山东省不同饲养规模生猪饲养成本及主要成本项目对成本影响程度，并与全国数据以及相邻省份小规模生猪饲养成本数据进行比较分析，寻找山东省生猪饲养的比较优势，以期因地制宜地选择适合山东省发展生猪饲养的规模层次，提升山东省生猪饲养效益。

第五章　山东省不同饲养规模 生猪饲养成本分析

一、不同饲养规模生猪饲养成本差异及变动趋势

根据 2005—2018 年的《全国农产品成本效益资料汇编》收益表的数据，整理得到山东省 2004—2017 年每头出栏生猪的饲养成本数据（表 5-1）。

表 5-1　山东省 4 种规模饲养生猪的饲养成本变化趋势

单位：元/头

年份	农户散养	小规模饲养	中规模饲养	大规模饲养
2004	820.87	785.67	781.43	764.25
2005	796.23	773.87	760.33	732.10
2006	705.27	663.17	686.26	726.23
2007	1 055.91	918.13	1 025.94	981.09
2008	1 317.97	1 264.84	1 218.96	1 172.31
2009	1 098.49	1 038.03	1 067.70	1 035.51
2010	1 201.81	1 152.81	1 117.89	1 087.75
2011	1 478.98	1 474.25	1 425.72	1 328.09
2012	1 608.28	1 563.69	1 539.84	1 499.99
2013	1 646.66	1 608.64	1 505.62	1 496.49
2014	1 628.58	1 589.00	1 514.99	1 482.12
2015	1 704.59	1 571.51	1 531.34	1 502.39
2016	1 952.11	1 749.84	1 737.60	1 761.33
2017	1 872.01	1 707.92	1 661.20	1 555.84

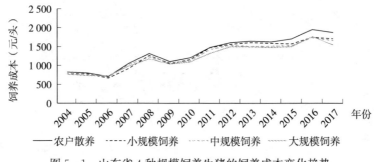

图 5-1 山东省 4 种规模饲养生猪的饲养成本变化趋势

由图 5-1 可以看出，2004—2017 年，山东省 4 种规模的饲养成本基本表现为农户散养的每头生猪成本最高，其次是中小规模饲养生猪的成本，大规模饲养的生猪成本最低。2004—2017 年 4 种规模的生猪饲养成本变动趋势基本相同，均是 2004—2006 年呈下降趋势，2006—2008 年呈上升趋势，2008—2009 年呈下降趋势，2009—2016 年总体呈上升趋势，2016—2017 年呈下降趋势。

根据表 5-1 数据，计算出 2005—2017 年山东省 4 种规模的生猪每头饲养成本的逐年变动幅度，结果见表 5-2。

表 5-2 山东省 2005—2017 年 4 种规模饲养生猪的
饲养成本逐年变动幅度

单位：%

年份	农户散养	小规模饲养	中规模饲养	大规模饲养
2005	−3.00	−1.50	−2.70	−4.21
2006	−11.42	−14.30	−9.74	−0.80
2007	49.72	38.45	49.50	35.09
2008	24.82	37.76	18.81	19.49
2009	−16.65	−17.93	−12.41	−11.67
2010	9.41	11.06	4.70	5.04
2011	23.06	27.88	27.54	22.10
2012	8.74	6.07	8.00	12.94

（续）

年份	农户散养	小规模饲养	中规模饲养	大规模饲养
2013	2.34	2.87	−2.22	−0.23
2014	−1.10	−1.22	−0.62	−0.96
2015	4.67	−1.10	1.08	1.37
2016	14.52	11.35	13.47	17.24
2017	−4.10	−2.40	−4.40	−11.67

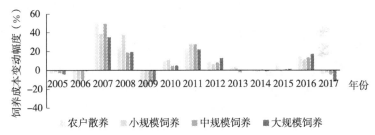

图 5-2　山东省 2005—2017 年 4 种规模饲养生猪的饲养成本变动幅度

由图 5-2 可以看出，2005—2017 年山东省 4 种规模的每头生猪饲养成本经历了多次明显的变动。2005—2006 年，不同规模的生猪饲养成本均大幅度下降，平均下降 5.96%；2006—2008 年，不同规模的生猪饲养成本均大幅上升，平均上升 34.21%；2008—2009 年，不同规模的生猪饲养成本均大幅降低，平均降低 14.67%；2010—2011 年，不同规模的生猪饲养成本均大幅上升，平均上升 25.15%；2012—2013 年，不同规模的生猪饲养成本升降不一，农户散养和小规模饲养均上升，中规模饲养和大规模饲养均下降；2013—2014 年，农户散养、小规模饲养和大规模饲养成本均有小幅度下降，中规模饲养有小幅度上升，总体上平均下降 0.67%；2014—2015 年，农户散养、中规模饲养和大规模饲养均有小幅度的上升，小规模饲养有小幅度的下降，总体平均上升 1.51%；2015—2016 年，不同规模的生猪饲养成本均大幅上升，总体平均上升 14.15%；2016—2017 年，不同规模的生猪饲养成本均有所下降，总体上平均下降 5.64%。虽然 2005—2017 年山东省不同规模生猪的每头饲养成本具有大致相同的变动趋势，但变动幅度有较大差别。

二、不同饲养规模生猪饲养成本构成及变动趋势

本部分分析采用的生猪饲养成本数据取自 2005—2018 年《全国农产品成本效益资料汇编》生猪费用和用工情况表，不包含土地成本，分析土地成本之外的各物质及服务费用和人工费的变动。

（一）不同规模生猪饲养成本构成分析

生猪饲养成本由物质与服务费用和人工成本两部分构成。生猪饲养的物质与服务费用可以进一步分成直接费用、间接费用两部分。其中直接费用包括仔畜费用、饲料费（精饲料费、青粗饲料费、饲料加工费）、水费、燃料动力费、医疗防疫费、死亡损失费、技术服务费、工具材料费、修理维护费以及其他间接费用。间接费用包括固定资产折旧、管理费、财务费以及销售费用。

1. 山东省农户散养生猪饲养成本构成分析

很长一段时间以来散养户是生猪供应的主力，2005 年山东省规模户生猪出栏量首次超过散养户，达到总生猪出栏量的 54%，此后比重不断上升。随着社会的发展，散养户已经无法满足市场需求，现代生猪饲养技术的发展，使得低效率的生猪散养越来越没有立足之地。从长期看，散养户的退出成为不可逆转的趋势。

从表 5-3 可以看出，2004—2017 年山东省农户散养生猪饲养成本合计平均 1 349.07 元/头，其中每头生猪需投入仔畜费用平均为 457.55 元、精饲料费平均为 613.96 元、医疗防疫费和死亡损失费用平均分别为 15.92 元和 12.38 元、人工费用平均为 217.47 元。散养户每头生猪仔畜费用、精饲料费用、医疗防疫费和死亡损失费用、人工费用 5 项费用占每头生猪饲养成本的比重约为 97.64%，构成了山东省农户散养生猪饲养成本的主要组成项目。

表 5－3　2004—2017 年山东省农户散养生猪饲养费用和用工情况

单位：元/头

费用项目	2004 年	2005 年	2006 年	2007 年	2008 年	2009 年	2010 年
①仔畜费用	276.48	250.16	171.12	352.52	536.67	356.62	362.60
②精饲料费	383.21	386.03	384.03	513.90	588.95	561.18	610.54
③青粗饲料费	12.50	12.07	9.07	11.74	8.85	4.29	3.26
④饲料加工费	6.96	6.62	6.54	7.09	7.39	6.06	6.01
⑤水费	1.42	0.85	0.83	1.56	1.63	1.36	1.70
⑥燃料动力费	5.04	3.62	3.19	3.31	3.29	1.93	2.16
⑦医疗防疫费	7.84	7.60	10.56	13.20	13.91	17.71	17.17
⑧死亡损失费	1.40	2.02	5.72	2.57	4.23	19.08	18.93
⑨技术服务费	0.10	0.22	0.05	0.30	0.03	—	0.02
⑩工具材料费	1.93	1.93	2.19	3.57	3.05	3.03	3.01
⑪修理维护费	1.96	1.76	1.61	3.21	2.85	1.99	2.23
⑫其他直接费用	2.04	1.93	0.32	—	—	—	0.14
直接费用合计	700.88	674.81	595.23	912.97	1 170.85	973.25	1 027.77
①固定资产折旧	6.49	7.15	7.31	7.44	7.43	6.89	7.10
②管理费	0.39	0.25	0.15	0.21	0.28	—	—
③财务费	0.01	0.25	0.01	—	0.08	—	—
④销售费	2.68	2.26	2.61	3.50	3.41	2.51	2.50
间接费用合计	9.57	9.91	10.08	11.15	11.20	9.40	9.60
物资与服务费	710.45	684.72	605.31	924.12	1 182.05	982.65	1 037.37
人工成本	110.23	111.69	99.72	131.65	135.86	115.78	164.20
饲养成本	820.68	796.41	705.03	1 055.77	1 317.91	1 098.43	1 201.57

费用项目	2011 年	2012 年	2013 年	2014 年	2015 年	2016 年	2017 年
①仔畜费用	554.08	542.68	508.30	451.09	506.28	815.01	722.14
②精饲料费	676.44	728.80	768.40	777.39	772.12	715.87	728.65
③青粗饲料费	1.65	1.37	—	—	—	—	—
④饲料加工费	5.63	5.54	4.36	3.82	5.01	3.94	3.96

（续）

费用项目	2011年	2012年	2013年	2014年	2015年	2016年	2017年
⑤水费	2.05	1.82	2.06	2.80	2.64	2.86	2.74
⑥燃料动力费	2.52	2.40	2.83	2.75	2.92	3.17	3.17
⑦医疗防疫费	16.33	18.00	19.11	19.74	18.84	21.67	21.27
⑧死亡损失费	15.61	17.91	15.06	15.98	16.35	19.64	18.95
⑨技术服务费	—	—	—	—	—	0.00	—
⑩工具材料费	3.08	3.35	3.29	2.92	3.25	3.15	3.19
⑪修理维护费	2.87	2.65	2.63	2.70	2.73	2.80	2.76
⑫其他直接费用	0.10	—	0.16	0.16	0.16	0.09	0.19
直接费用合计	1 280.36	1 324.52	1 326.20	1 279.35	1 330.30	1 588.20	1 507.02
①固定资产折旧	8.49	6.45	6.75	6.56	6.87	6.52	6.35
②管理费	—	—	—	—	—	—	3.61
③财务费	—	—	—	—	—	—	—
④销售费	3.07	3.53	3.29	3.78	4.02	4.68	5.84
间接费用合计	11.56	9.98	10.04	10.34	10.89	11.20	15.80
物资与服务费	1 291.92	1 334.50	1 336.24	1 289.69	1 341.19	1 599.40	1 522.82
人工成本	187.06	273.78	310.42	338.89	363.40	352.71	349.19
饲养成本	1 478.98	1 608.28	1 646.66	1 628.58	1 704.59	1 952.11	1 872.01

资料来源：2005—2018年的《全国农产品成本收益资料汇编》。

2. 山东省小规模饲养生猪饲养成本构成分析

从表5-4可以看出，2004—2017年山东省小规模饲养生猪平均饲养成本是1 269.92元/头，其中每头生猪饲养的平均仔畜费用支出为466.95元、平均精饲料费为633.72元、平均医疗防疫费是15.10元、平均死亡损失费用为9.03元、平均人工费用支出为121.15元。小规模饲养生猪下每头生猪花费的仔畜费用、精饲料费、医疗防疫费、死亡损失费和人工费用占每头生猪生产成本的比重高达98.11%。由此可见，仔畜费用、精饲料费、医疗防疫费、死亡损失费以及人工费用是当前山东省小规模饲养生猪饲养成本的主要组成项目。

表 5－4　2004—2017 年山东省小规模饲养生猪饲养费用和用工情况

单位：元/头

费用项目	2004 年	2005 年	2006 年	2007 年	2008 年	2009 年	2010 年
①仔畜费用	287.68	271.91	197.21	373.85	570.95	348.76	362.37
②精饲料费	408.24	409.81	369.88	458.32	582.80	572.30	661.54
③青粗饲料费	0.16	3.85	3.94	0.67	2.83	1.06	0.31
④饲料加工费	3.56	3.26	2.42	5.10	6.39	6.41	5.14
⑤水费	0.75	1.22	0.59	0.52	0.91	1.32	1.37
⑥燃料动力费	2.37	3.50	2.50	1.96	2.46	2.41	2.40
⑦医疗防疫费	9.40	8.79	9.65	12.67	18.30	17.69	19.35
⑧死亡损失费	8.21	7.13	14.00	7.45	9.20	14.81	8.48
⑨技术服务费	0.19	0.50	0.46	0.25	0.39	0.01	—
⑩工具材料费	1.12	1.37	1.25	1.47	1.91	1.86	1.75
⑪修理维护费	1.31	1.35	1.21	0.79	1.15	1.34	1.14
⑫其他直接费用	0.63	0.37	0.20	0.23	0.36	0.55	0.48
直接费用合计	723.62	713.06	603.31	863.28	1 197.65	968.52	1 064.33
①固定资产折旧	8.09	9.11	7.41	8.59	10.17	8.52	9.70
②管理费	0.35	0.23	0.13	0.07	0.19	0.26	0.24
③财务费	1.39	0.81	0.46	0.28	0.67	0.37	0.20
④销售费	1.32	1.35	1.57	2.41	2.76	3.32	3.45
间接费用合计	11.15	11.50	9.57	11.35	13.79	12.47	13.59
物资与服务费	734.77	724.56	612.88	874.63	1 211.44	980.99	1 077.92
人工成本	47.13	47.76	48.58	41.57	49.77	54.67	72.31
饲养成本	781.90	772.32	661.46	916.2	1 261.21	1035.66	1 150.23
费用项目	2011 年	2012 年	2013 年	2014 年	2015 年	2016 年	2017 年
①仔畜费用	566.9	560.74	527.21	494.18	530.51	742.25	715.43
②精饲料费	746.74	792.32	838.86	851.88	783.41	739.73	726.63

（续）

费用项目	2011 年	2012 年	2013 年	2014 年	2015 年	2016 年	2017 年
③青粗饲料费	0.93	0.16	—	—	—	—	—
④饲料加工费	4.9	5.25	2.76	3.87	3.34	3.92	4.71
⑤水费	1.69	1.73	1.90	2.30	2.21	2.04	1.99
⑥燃料动力费	2.51	3.00	2.92	2.86	3.19	2.68	2.82
⑦医疗防疫费	19.1	18.19	18.44	16.26	16.93	14.99	14.42
⑧死亡损失费	8.88	7.28	8.37	7.49	5.84	6.53	6.06
⑨技术服务费	—	—	—	—	—	—	—
⑩工具材料费	1.98	1.96	2.12	2.16	2.07	2.02	2.19
⑪修理维护费	1.37	1.29	1.40	1.45	1.47	1.43	1.59
⑫其他直接费用	0.55	—	0.61	1.04	0.47	0.42	0.48
直接费用合计	1 355.55	1 391.92	1 404.89	1 383.49	1 349.44	1 516.01	1 476.32
①固定资产折旧	10.77	10.46	8.49	9.49	9.25	9.02	8.55
②管理费	0.17	0.22	—	0.19	0.18		
③财务费	0.54	0.33	—				
④销售费	3.73	5.81	6.42	6.49	6.80	8.58	8.68
间接费用合计	15.21	16.82	14.91	16.17	16.23	17.60	17.23
物资与服务费	1 370.76	1 408.74	1 419.80	1 399.66	1 365.67	1 533.61	1 493.55
人工成本	100.52	151.75	186.08	186.15	202.72	213.38	211.52
饲养成本	1 471.28	1 560.49	1 605.88	1 585.81	1 568.39	1 746.99	1 705.07

资料来源：2005—2018 年的《全国农产品成本收益资料汇编》。

3. 山东省中规模饲养生猪饲养成本构成分析

从表 5-5 中可以看出，2004—2017 年山东省中规模饲养生猪的平均饲养成本为 1 252.68 元/头。其中，每头生猪的平均仔畜费用是 461.15 元/头，平均精饲料费是 644.16 元/头，平均医疗防疫费和死亡损失费分别为 17.22 元/头和 8.82 元/头，平均人工成本为 89.42 元/头。由此得出，山东省中规模饲养生猪投入的仔畜费用、精饲料费、医疗防疫费、死亡损失费和人工成本占生猪饲养成本的比重为 97.45％，是山东省中规模饲养生猪饲养成本的主要组成项目。

表 5 - 5　2004—2017 年山东省中规模饲养生猪饲养费用和用工情况

单位：元/头

费用项目	2004 年	2005 年	2006 年	2007 年	2008 年	2009 年	2010 年
①仔畜费用	286.53	260.77	177.82	394.60	512.61	338.64	322.61
②精饲料费	389.01	401.91	411.18	527.93	598.44	614.12	665.92
③青粗饲料费	8.79	7.81	7.12	6.54	2.43	—	—
④饲料加工费	2.46	3.80	3.83	6.25	4.11	3.58	3.55
⑤水费	1.24	1.24	1.31	1.52	2.01	1.70	1.71
⑥燃料动力费	4.52	4.81	3.93	4.21	5.07	4.34	4.72
⑦医疗防疫费	10.65	10.07	11.58	14.18	18.74	18.38	19.45
⑧死亡损失费	7.35	6.27	16.94	9.64	7.72	9.42	7.18
⑨技术服务费	0.82	0.34	0.59	0.57	0.34	0.30	0.38
⑩工具材料费	1.44	0.99	1.15	1.76	1.85	1.62	1.75
⑪修理维护费	1.15	1.24	1.28	1.85	1.81	1.44	1.41
⑫其他直接费用	0.27	4.12	0.34	0.13	—	0.32	0.49
直接费用合计	714.23	703.37	637.07	969.18	1 155.13	993.86	1 029.17
①固定资产折旧	8.00	7.88	8.08	11.28	12.77	15.04	14.57
②管理费	1.76	1.60	1.74	1.07	1.11	0.90	0.59
③财务费	1.71	0.27	0.44	1.17	0.36	0.39	0.32
④销售费	1.24	1.17	1.30	1.17	1.68	1.21	1.64
间接费用合计	12.71	10.92	11.56	14.69	15.92	17.54	17.12
物资与服务费	726.94	714.29	648.63	983.87	1 171.05	1 011.40	1 046.29
人工成本	44.54	44.34	36.16	40.02	46.37	53.84	69.50
饲养成本	771.48	758.63	684.79	1 023.89	1 217.42	1 065.24	1 115.79

（续）

费用项目	2011年	2012年	2013年	2014年	2015年	2016年	2017年
①仔畜费用	538.26	589.01	509.54	483.11	548.18	785.63	708.87
②精饲料费	731.20	781.93	797.85	826.47	778.38	744.78	749.25
③青粗饲料费	—	—	—	—	—	—	—
④饲料加工费	2.73	2.62	2.62	1.27	1.98	2.46	1.83
⑤水费	1.91	2.34	2.38	2.79	2.74	2.90	3.02
⑥燃料动力费	4.88	5.20	4.01	3.56	3.37	3.70	3.56
⑦医疗防疫费	19.30	19.16	19.04	20.28	21.51	21.73	17.14
⑧死亡损失费	7.56	6.90	7.19	8.33	8.89	9.75	10.42
⑨技术服务费	0.45	0.57	0.04	0.57	0.53	0.39	0.38
⑩工具材料费	1.85	1.71	2.12	2.20	2.21	2.36	2.26
⑪修理维护费	1.54	1.75	2.07	2.02	2.08	2.15	1.75
⑫其他直接费用	0.60	—	—	0.34	0.26	0.21	0.21
直接费用合计	1 310.28	1 411.19	1 346.86	1 350.94	1 370.13	1 576.06	1 498.69
①固定资产折旧	16.65	14.71	12.94	13.17	15.16	14.03	13.53
②管理费	0.43	0.49	—	0.16	0.15	0.08	0.02
③财务费	0.18	0.23	0.10	—	—	—	—
④销售费	1.44	1.60	2.45	2.57	2.92	2.81	3.19
间接费用合计	18.70	17.03	15.49	15.90	18.23	16.92	16.74
物资与服务费	1 328.98	1 428.22	1 362.35	1 366.84	1 388.36	1 592.98	1 515.43
人工成本	94.26	109.28	141.12	146.20	140.89	142.15	143.30
饲养成本	1 423.24	1 537.50	1 503.47	1 513.04	1 529.25	1 735.13	1 658.73

资料来源：2005—2018年的《全国农产品成本收益资料汇编》。

4. 山东省大规模饲养生猪饲养成本构成分析

从表5-6中可以看出，仔畜费用、精饲料费、医疗防疫费、死亡损失费和人工成本所占比重较大，是山东省大规模饲养生猪饲养成本的主要组成项目。

表 5 - 6　2004—2017 年山东省大规模饲养生猪饲养费用和用工情况

单位：元/头

费用项目	2004 年	2005 年	2006 年	2007 年	2008 年	2009 年	2010 年
①仔畜费用	273.43	254.21	219.01	341.95	584.17	430.74	406.84
②精饲料费	415.58	399.51	427.71	564.88	513.03	516.10	571.05
③青粗饲料费	—						
④饲料加工费	0.30	1.05	1.83	1.33	0.73	1.02	1.26
⑤水费	1.28	2.54	2.09	0.92	0.75	0.85	0.38
⑥燃料动力费	3.62	5.26	5.90	2.28	1.31	1.24	2.21
⑦医疗防疫费	11.48	12.17	13.29	14.03	14.29	18.47	19.39
⑧死亡损失费	7.99	8.03	12.49	8.50	10.42	9.85	12.08
⑨技术服务费	0.15	0.06	0.09	—	—	—	—
⑩工具材料费	0.88	1.09	0.79	1.89	1.60	2.11	3.27
⑪修理维护费	2.84	2.70	1.21	4.39	1.85	3.05	4.54
⑫其他直接费用	2.89	1.50	—	—	—	—	—
直接费用合计	720.44	688.12	684.41	940.17	1 128.15	983.43	1 021.02
①固定资产折旧	11.12	11.59	13.90	6.60	6.91	6.92	7.65
②管理费	7.01	6.49	3.63	2.85	3.20	3.30	2.91
③财务费	4.23	4.07	3.51	1.58	1.22	1.17	—
④销售费	1.56	1.46	0.53	1.28	0.80	—	—
间接费用合计	23.92	23.61	21.57	12.31	12.13	11.39	10.56
物资与服务费	744.36	711.73	705.98	952.48	1 140.28	994.82	1 031.58
人工成本	16.29	17.63	16.60	27.18	31.32	39.24	54.72
饲养成本	760.65	729.36	722.58	979.66	1 171.60	1 034.06	1 086.30
费用项目	2011 年	2012 年	2013 年	2014 年	2015 年	2016 年	2017 年
①仔畜费用	547.38	685.79	643.93	593.74	637.28	973.53	853.48
②精饲料费	657.93	679.87	714.14	733.90	704.90	630.54	550.44
③青粗饲料费	—						

（续）

费用项目	2011 年	2012 年	2013 年	2014 年	2015 年	2016 年	2017 年
④饲料加工费	1.58	1.21	1.91	—	—	—	—
⑤水费	0.51	0.61	0.54	1.07	1.09	1.36	1.39
⑥燃料动力费	2.34	2.38	2.40	2.99	3.14	2.85	2.79
⑦医疗防疫费	20.90	22.06	21.69	21.38	21.09	22.40	15.51
⑧死亡损失费	12.91	12.90	15.30	17.38	13.94	16.48	17.05
⑨技术服务费	—	—	—	—	—	—	—
⑩工具材料费	4.18	4.54	5.54	5.77	5.42	2.90	2.38
⑪修理维护费	5.35	5.19	4.87	5.27	4.52	4.58	3.12
⑫其他直接费用	—	—	—	—	—	—	—
直接费用合计	1 253.08	1 414.55	1 410.32	1 381.50	1 391.38	1 654.64	1 446.16
①固定资产折旧	8.48	8.50	10.78	10.83	11.63	8.55	8.61
②管理费	3.65	3.60	—	1.49	3.25	2.80	2.88
③财务费	—	—	—	—	—	—	—
④销售费	—	—	—	—	—	—	—
间接费用合计	12.13	12.10	10.78	12.32	14.88	11.35	11.49
物资与服务费	1 265.21	1 426.65	1 421.1	1 393.82	1 406.26	1 665.99	1 457.65
人工成本	61.30	71.76	73.67	86.58	94.41	93.62	96.47
饲养成本	1 326.51	1 498.41	1 494.77	1 480.40	1 500.67	1 759.61	1 554.12

资料来源：2005—2018 年的《全国农产品成本收益资料汇编》。

从上述分析可知，不同规模饲养生猪的饲养成本项目构成相同，山东省生猪饲养物质与服务费用中仔畜费用与精饲料费所占的比重比较大，医疗防疫费、死亡损失费和人工成本也是山东省各规模饲养成本的主要组成项目。仔猪、饲料、人工、医疗防疫等投入要素是影响生猪饲养效益的重要因素，而且在一定程度上是养殖场（户）可以控制的因素。因此，要全面分析山东省生猪饲养效益，就要对生猪饲养成本及其构成要素进行分析，分析其变动趋势和规律，根据变动规律来调控成本变动。

（二）不同饲养规模生猪饲养成本构成变动趋势分析

不同规模饲养生猪的饲养成本中，仔畜费用、精饲料费、青粗饲料费、医疗防疫费、死亡损失费和人工成本所占比重较大，是饲养成本的主要组成项目。但是对于不同规模的生猪饲养而言，各构成项目对生猪饲养成本的影响程度不同。本书分别计算4种饲养规模的生猪饲养成本构成变动幅度，并分别对生猪饲养成本波动较大的各个时间段内各规模饲养生猪饲养成本的主要构成项目进行分析，研究其变动趋势及影响。

1. 2004—2006年不同规模饲养生猪饲养成本构成变动趋势

根据《全国农产品成本收益汇编数据》，对2004—2006年各饲养规模的仔畜费用、精饲料费、青粗饲料费、医疗防疫费、死亡损失费和人工成本进行分析，分别计算其平均变动幅度及金额。计算结果见表5-7。

表5-7　2004—2006年山东省不同规模饲养生猪
饲养成本主要项目变动情况

费用项目	农户散养		小规模饲养		中规模饲养		大规模饲养	
	幅度(%)	金额(元/头)	幅度(%)	金额(元/头)	幅度(%)	金额(元/头)	幅度(%)	金额(元/头)
仔畜费用	−20.55	−52.68	−16.48	−45.24	−20.40	−54.36	−10.44	−27.21
精饲料费	0.12	0.41	−4.68	−19.18	2.81	11.09	1.60	6.07
青粗饲料费	−14.15	−1.72	1 154.29	1.89	−9.99	−0.84		
医疗防疫费	17.94	1.36	1.65	0.13	4.77	0.19	7.61	0.91
死亡损失费	113.73	2.16	41.60	2.90	77.74	4.80	28.02	2.25
人工成本	−4.50	−5.26	1.53	0.73	−9.45	−4.19	1.19	0.16

综合分析表5-7的数据，可以发现：2004—2006年，山东省

不同规模饲养生猪饲养成本的下降均主要由仔畜费用大幅下降引起。2004—2006 年，山东省不同规模饲养生猪的仔畜费用平均下降 16.97％，平均下降金额达到 44.12 元/头；精饲料费、青粗饲料费、医疗防疫费、死亡损失费和人工成本的变动对每头生猪饲养成本的影响较小。

2. 2006—2008 年不同规模饲养生猪的饲养成本构成变动趋势

根据《全国农产品成本收益汇编》数据，对 2006—2008 年各饲养规模的仔畜费用、精饲料费、青粗饲料费、医疗防疫费、死亡损失费和人工成本进行分析，分别计算其平均变动幅度及金额。计算结果见表 5-8。

表 5-8　2006—2008 年山东省不同规模饲养生猪
饲养成本主要项目变动情况

费用项目	农户散养		小规模饲养		中规模饲养		大规模饲养	
	幅度(%)	金额(元/头)	幅度(%)	金额(元/头)	幅度(%)	金额(元/头)	幅度(%)	金额(元/头)
仔畜费用	79.12	182.78	71.15	186.87	75.91	167.40	63.48	182.58
精饲料费	24.21	102.46	25.54	106.46	20.87	93.63	11.45	42.66
青粗饲料费	2.41	−0.11	119.70	−0.56	−35.50	−2.35	—	—
医疗防疫费	15.19	1.68	37.87	4.33	27.31	3.58	3.71	0.50
死亡损失费	4.76	−0.75	−11.65	−2.40	−31.51	−4.61	−4.68	−1.04
人工成本	17.61	18.07	2.65	0.60	13.27	5.11	39.48	7.36

综合分析表 5-8 的数据，可以发现：2006—2008 年，山东省不同规模饲养生猪饲养成本的上升均主要由仔畜费用和精饲料费大幅上升引起。2006—2008 年，山东省不同规模饲养生猪的仔畜费用平均上升 72.41％，平均上升金额达到 179.91 元/头；精饲料费用平均上升 20.52％，平均上升金额达到 86.30 元/头；青粗饲料费、医疗防疫费、死亡损失费和人工成本的变动对每头生猪饲养成本的影响较小。

3. 2008—2009 年各规模饲养生猪的饲养成本构成变动趋势

根据《全国农产品成本收益汇编》数据，对 2008—2009 年山东省不同规模饲养生猪的仔畜费用、精饲料费、青粗饲料费、医疗防疫费、死亡损失费和人工成本进行分析，分别计算其平均变动幅度及金额。计算结果见表 5-9。

表 5-9　2008—2009 年山东省不同规模饲养生猪
饲养成本主要项目变动情况

费用项目	农户散养		小规模饲养		中规模饲养		大规模饲养	
	幅度 （%）	金额 （元/头）	幅度 （%）	金额 （元/头）	幅度 （%）	金额 （元/头）	幅度 （%）	金额 （元/头）
仔畜费用	-33.55	-180.05	-38.92	-222.19	-33.94	-173.97	-26.26	-153.43
精饲料费	-4.72	-27.77	-1.80	-10.50	2.62	15.68	0.60	3.07
青粗饲料费	-51.53	-4.56	-62.54	-1.77	-100.0	-2.43	—	—
医疗防疫费	27.32	3.80	-3.33	-0.61	-1.92	-0.36	29.25	4.18
死亡损失费	351.06	14.85	60.98	5.61	22.02	1.70	-5.47	-0.57
人工成本	-14.78	-20.08	9.85	4.90	16.11	7.47	25.29	7.92

从表 5-9 数据可以看出，对于农户散养生猪，与 2008 年相比，2009 年散养生猪成本支出中，仔畜费用下降 33.55%、精饲料费下降 4.72%、青粗饲料费下降 51.53%、人工成本下降 14.78%，变动方向均与 2008—2009 生猪饲养成本的变动方向相同，其中仔畜费用下降是 2009 年农户散养生猪饲养成本降低的最主要原因。2009 年农户散养生猪的仔畜费用降低了 33.55%，降低金额达到 180.05 元/头；同时，精饲料费、死亡损失费和人工成本对生猪饲养成本也有较大影响；青粗饲料费和医疗防疫费变动幅度虽然较大，但由于这 2 项支出的基数不大导致其对以散养方式饲养生猪饲养成本的影响较小。

对于规模饲养生猪，仔畜费用下降是 2009 年生猪饲养成本降低的最主要原因。2009 年规模饲养生猪的仔畜费用平均降低了 33.04%，平均降低金额达到 183.20 元/头；精饲料费平均增加 0.47%，平均增加金额仅为 2.75 元/头；青粗饲料费、医疗防疫费、死亡损失费、人工成本的平均变动金额分别为－2.10 元/头、1.07 元/头、2.24 元/头和 6.76 元/头。由此发现，精饲料费、青粗饲料费、医疗防疫费、死亡损失和人工成本变动对规模饲养生猪饲养成本的影响较小。

综合分析表 5 - 9 的数据，可以发现：仔畜费用下降是 2009 年生猪饲养成本降低的最主要原因，2008—2009 年山东省不同规模饲养生猪的仔畜费用平均下降 33.30%，平均降低金额达到 181.65 元/头；精饲料费、青粗饲料费、医疗防疫费、死亡损失和人工成本的变动对生猪饲养成本的影响较小。

4. 2010—2011 年各规模饲养生猪的饲养成本构成变动趋势

根据《全国农产品成本收益汇编》数据，对 2010—2011 年山东省不同规模饲养生猪的仔畜费用、精饲料费、青粗饲料费、医疗防疫费、死亡损失费和人工成本进行分析，分别计算其平均变动幅度及金额。计算结果见表 5 - 10。

表 5 - 10　2010—2011 年山东省不同规模饲养生猪
饲养成本主要项目变动情况

费用项目	农户散养		小规模饲养		中规模饲养		大规模饲养	
	幅度 (%)	金额 (元/头)	幅度 (%)	金额 (元/头)	幅度 (%)	金额 (元/头)	幅度 (%)	金额 (元/头)
仔畜费用	52.81	191.40	56.44	204.53	67.16	216.65	34.54	140.54
精饲料费	10.79	65.90	12.88	85.20	9.80	65.28	15.21	86.88
青粗饲料费	－49.30	－1.61	200.00	0.62	—	—	—	—
医疗防疫费	2.33	0.07	－1.29	－0.25	－0.77	－0.15	7.79	1.51
死亡损失费	28.70	0.64	4.72	0.40	5.29	0.38	6.87	0.83
人工成本	27.80	8.70	39.01	28.21	35.63	24.76	12.02	6.58

从表 5－10 数据可以看出，对于农户散养生猪，仔畜费用、精饲料费、医疗防疫费、死亡损失费和人工成本的变动方向与饲养成本的变动方向相同，其中仔畜费用上升是 2011 年农户散养生猪成本上升的最主要原因。2011 年农户散养生猪的仔畜费用上升了52.81％，上升金额达到 191.40 元/头；精饲料费和人工成本对生猪饲养成本也有较大影响，2011 年农户散养生猪的精饲料费相较2010 年增加 10.79％，上涨金额达 65.90 元/头；青粗饲料费和死亡损失费变动幅度较大，比 2010 年分别降低 49.30％和上升28.70％，但对生猪饲养成本的影响较小，导致每头生猪饲养成本仅减少 0.97 元。

对于规模饲养生猪，仔畜费用上升是 2011 年生猪饲养成本上升的最主要原因。2011 年规模饲养生猪的仔畜费用平均上升了52.71％，平均上升金额达到 187.24 元/头；精饲料费平均上升12.63％，平均上升金额达 79.12 元/头，对生猪饲养成本变动有较大影响。2011 年规模饲养生猪的医疗防疫费平均上升 1.91％，平均金额为 0.37 元/头，死亡损失平均上升 5.62％，平均金额变动0.53 元/头，人工成本平均增加 28.88％，平均上升金额仅为19.85 元/头。由此发现，医疗防疫费、死亡损失和人工成本变动对规模饲养生猪饲养成本的影响较小。

综合分析表 5－10 的数据，可以发现：仔畜费用上升是 2011年生猪饲养成本上升的最主要原因，2010—2011 年山东省不同规模饲养生猪的仔畜费用平均上升 52.74％，平均上升金额达到188.28 元/头；但精饲料费、青粗饲料费、医疗防疫费、死亡损失和人工成本的变动对生猪饲养成本的影响较小。

5. 2012—2013 年各规模饲养生猪的饲养成本构成变动趋势

根据《全国农产品成本收益汇编》数据，对 2012—2013 年山东省不同规模饲养生猪的仔畜费用、精饲料费、青粗饲料费、医疗防疫费、死亡损失费和人工成本进行分析，分别计算其平均变动幅度及金额。计算结果详见表 5－11。

表 5 - 11 2012—2013 年山东省不同规模饲养生猪
饲养成本主要项目变动情况

费用项目	农户散养		小规模饲养		中规模饲养		大规模饲养	
	幅度 （%）	金额 （元/头）	幅度 （%）	金额 （元/头）	幅度 （%）	金额 （元/头）	幅度 （%）	金额 （元/头）
仔畜费用	−6.34	−34.48	−5.93	−33.23	−13.49	−79.47	−6.1	−41.86
精饲料费	10.79	39.60	5.87	46.54	2.04	15.92	5.04	34.27
青粗饲料费	—	—	—	—	—	—	—	—
医疗防疫费	6.17	1.11	1.37	0.25	−0.63	−0.12	−1.68	−0.37
死亡损失费	−15.91	−2.85	14.97	1.09	4.20	0.29	18.60	2.40
人工成本	13.38	36.64	22.62	34.33	29.14	31.84	2.67	1.91

从表 5 - 11 数据可以看出，对于农户散养生猪和小规模饲养生猪，精饲料费、医疗防疫费和人工成本的变动方向与饲养成本的变动方向相同，其中精饲料费高是 2013 年农户散养生猪和小规模饲养生猪饲养成本上升的最主要原因。2013 年农户散养生猪和小规模饲养生猪的人工成本分别上升了 13.38% 和 22.62%，上升金额分别达到 36.64 元/头、34.33 元/头；精饲料费和仔畜费用对生猪饲养成本也有较大影响；死亡损失费变动幅度较大，相较 2012 年，2013 年农户散养生猪和小规模饲养生猪的死亡损失费同比分别降低 15.91% 和上升 14.97%，但对生猪饲养成本的影响较小，仅导致农户散养每头生猪成本支出减少 2.85 元和小规模饲养每头生猪成本支出增加 1.09 元。

对于中大规模饲养生猪而言，仔畜费用下降是 2013 年生猪饲养成本下降的最主要原因。2013 年中大规模饲养生猪的仔畜费用平均下降了 9.80%，平均下降金额达到 60.67 元/头；医疗防疫费平均下降 1.16%，对生猪饲养成本变动影响较小。2013 年中规模生猪饲养的精饲料费用、死亡损失费以及人工成本增长金额分别为 15.92 元/头、0.29 元/头和 31.84 元/头。大规模饲养生猪的 3 项费用支出均较上年出现增长。而 2013 年中大规模饲养每头生猪的成本与 2012 年相比分别下降 31.54 元和 3.65 元。由此发现，2013 年中大规模饲养生猪的精饲料费、死亡损失和人工成本变动对生猪饲养成本的影响为反向影响。

　　综合分析表 5 - 11 的数据，可以发现：仔畜费用、精饲料费以及人工成本的变动对于生猪饲养成本影响较大，青粗饲料费、医疗防疫费、死亡损失的变动对 2013 年生猪饲养成本的影响较小。

6. 2013—2014 年各规模饲养生猪的饲养成本构成变动趋势

　　根据《全国农产品成本收益汇编》数据，对 2013—2014 年山东省不同规模饲养生猪的仔畜费用、精饲料费、青粗饲料费、医疗防疫费、死亡损失费和人工成本进行分析，分别计算其平均变动幅度及金额。计算结果详见表 5 - 12。

表 5 - 12　2013—2014 年山东省不同规模饲养生猪
饲养成本主要项目变动情况

费用项目	农户散养		小规模饲养		中规模饲养		大规模饲养	
	幅度 （%）	金额 （元/头）	幅度 （%）	金额 （元/头）	幅度 （%）	金额 （元/头）	幅度 （%）	金额 （元/头）
仔畜费用	−11.26	−57.21	−6.27	−33.03	−5.19	−26.43	−16.18	−104.19
精饲料费	11.70	8.99	1.55	13.03	3.59	28.62	2.77	19.76
青粗饲料费	—	—	—	—	—	—	—	—
医疗防疫费	3.30	0.63	−11.82	−2.18	6.51	1.24	−1.43	−0.31
死亡损失费	6.11	0.92	−10.51	−0.88	15.86	1.14	13.59	2.08
人工成本	9.26	28.47	0.04	0.07	3.53	4.98	16.17	11.91

　　从表 5 - 12 数据可以看出，对于农户散养生猪，仔畜费用变动方向与饲养成本、精饲料费、医疗防疫费、死亡损失费、人工成本的变动方向相反。2014 年山东省农户散养每头生猪饲养成本下降 18.20 元，其中仔畜费用下降了 11.26%，下降金额为 57.21 元/头，是 2014 年农户散养生猪成本下降的最主要原因；2014 年农户散养生猪的人工成本上升了 9.26%，上升金额达到 28.47 元/头，

变动幅度较大；精饲料费变动幅度较大，相较 2013 年增加 11.70％，但与仔畜费用相比其对农户散养生猪饲养成本的影响较小，仅导致每头生猪饲养成本增加 8.99 元。

对于规模饲养生猪，仔畜费用下降是 2014 年生猪饲养成本下降的最主要原因。2014 年规模饲养生猪的仔畜费用平均下降了 9.21％，平均下降金额达到 54.55 元/头；精饲料费和人工成本费用均有所下降，分别平均下降了 2.64％和 6.58％，下降金额分别为 20.47 元/头和 5.65 元/头。医疗防疫费、死亡损失对生猪饲养成本的影响较小，医疗防疫费平均下降 0.41 元/头、死亡损失费平均增加 0.78 元/头。

综合分析表 5-12 的数据，可以发现：仔畜费用的变动对于 2014 年生猪饲养成本影响较大，青粗饲料费、医疗防疫费、死亡损失的变动和人工成本对 2014 年生猪饲养成本的影响较小。

7. 2014—2015 年各规模饲养生猪的饲养成本构成变动趋势

根据《全国农产品成本收益汇编》数据，对 2014—2015 年山东省不同规模饲养生猪的仔畜费用、精饲料费、青粗饲料费、医疗防疫费、死亡损失费和人工成本进行分析，分别计算其平均变动幅度及金额。计算结果见表 5-13。

表 5-13　2014—2015 年山东省不同规模饲养生猪
饲养成本主要项目变动情况

费用项目	农户散养		小规模饲养		中规模饲养		大规模饲养	
	幅度 (％)	金额 (元/头)	幅度 (％)	金额 (元/头)	幅度 (％)	金额 (元/头)	幅度 (％)	金额 (元/头)
仔畜费用	12.23	55.19	7.35	36.33	13.47	65.07	7.33	43.54
精饲料费	−0.68	−5.27	−8.04	−68.47	−5.82	−48.09	−3.95	−29.00
青粗饲料费	—	—	—	—	—	—	—	—
医疗防疫费	−4.56	−0.90	4.12	0.67	6.07	1.23	−1.36	−0.29
死亡损失费	2.32	0.37	−22.03	−1.65	6.72	0.56	−19.79	−3.44
人工成本	7.23	24.51	8.90	16.57	−3.63	−5.31	9.04	7.83

从表 5-13 数据可以看出，仔畜费用上升是 2015 年生猪饲养成本上升的最主要原因；人工成本除了中规模饲养生猪有所下降外，其他规模饲养生猪均呈现上升势头。2015 年农户散养生猪和小规模饲养生猪的人工成本分别上升了 7.23％和 8.90％，上升金额分别达到 24.51 元/头、16.57 元/头；精饲料费由于 2015 年市场行情的原因，各个规模均有所下降；另外，虽然死亡损失费变动幅度较大，但对生猪饲养成本的影响较小。

就规模饲养生猪而言，精饲料费下降是 2015 年生猪饲养成本变动的一个重要原因。2015 年，中、大规模饲养生猪的精饲料费同比平均下降了 4.89％，平均下降金额达到 38.54 元/头；精饲料费对小规模饲养生猪饲养成本的影响尤为明显，2015 年小规模饲养生猪的精饲料费下降了 8.04％，下降金额达到了 68.47 元/头，这对于生猪饲养成本来说影响较大。另外，规模饲养生猪的医疗防疫费平均上升 2.94％，平均上升金额仅为 0.53 元/头，说明规模饲养生猪所产生的医疗防疫费支出对生猪饲养成本变动影响较小。

综合分析表 5-13 的数据，可以发现：2014—2015 年，仔畜费用、精饲料费以及人工成本的变动对于饲养成本影响较大，青粗饲料费、医疗防疫费、死亡损失费的变动对生猪饲养成本的影响较小。

8. 2015—2016 年各规模饲养生猪的饲养成本构成变动趋势

根据《全国农产品成本收益汇编》数据，对 2015—2016 年山东省不同规模饲养生猪的仔畜费用、精饲料费、青粗饲料费、医疗防疫费、死亡损失费和人工成本进行分析，分别计算其平均变动幅度及金额。计算结果详见表 5-14。

从表 5-14 数据可以看出，2016 年农户散养生猪的仔畜费用支出与 2015 年相比增加 60.98％，医疗防疫费和死亡损失费同比分别增加 15.02％和 20.12％。对于农户散养生猪，仔畜费用、医疗防疫费和死亡损失费的变动方向与饲养成本的变动方向相同，其中，仔畜费用高是 2016 年农户散养生猪饲养成本上升的最主要原因。2016 年农户散养生猪的仔畜费用上升金额达到

308.73 元/头；精饲料费和人工成本对生猪饲养成本也有较大影响；医疗防疫费和死亡损失费变动幅度较大，但对生猪饲养成本的影响较小。

表 5-14　2015—2016 年山东省不同规模饲养生猪
饲养成本主要项目变动情况

费用项目	农户散养		小规模饲养		中规模饲养		大规模饲养	
	幅度(%)	金额(元/头)	幅度(%)	金额(元/头)	幅度(%)	金额(元/头)	幅度(%)	金额(元/头)
仔畜费用	60.98	308.73	39.91	211.74	43.32	237.45	52.76	336.25
精饲料费	−7.29	−56.25	−5.58	−43.68	−4.32	−33.60	−10.55	−74.36
青粗饲料费	—		—		—		—	
医疗防疫费	15.02	2.83	−11.46	−1.94	1.02	0.22	6.21	1.31
死亡损失费	20.12	3.29	11.82	0.69	9.67	0.86	18.22	2.54
人工成本	−2.94	−10.69	5.26	10.66	0.89	1.26	−0.84	−0.79

对于规模饲养生猪而言，仔畜费用上升是 2016 年生猪饲养成本上升的最主要原因。2016 年规模饲养生猪的仔畜费用平均上升了 45.33%，平均上升金额达到 261.81 元/头。精饲料费平均下降了 6.82%，平均下降金额达到 50.55 元/头，对规模饲养生猪饲养成本变动具有较大影响。医疗防疫费平均下降了 1.41%，平均下降金额为 0.14 元/头。死亡损失费和人工成本平均变动金额分别为 1.36 元/头和 3.71 元/头。医疗防疫费、死亡损失费和人工成本变动对 2016 年规模饲养生猪饲养成本的影响较小。

综合分析表 5-14 的数据，可以发现：仔畜费用上升是 2016 年生猪饲养成本上升的最主要原因，精饲料费下降对生猪饲养成本的影响较大，医疗防疫费、死亡损失费和人工成本的变动对生猪饲养成本变动的影响较小。

9. 2016—2017 年各规模饲养生猪的饲养成本构成变动趋势

根据《全国农产品成本收益汇编》数据，对 2016—2017 年山东省不同规模饲养生猪的仔畜费用、精饲料费、青粗饲料费、医疗防疫费、死亡损失费和人工成本进行分析，分别计算其平均变动幅度及金额。计算结果见表 5 - 15。

表 5 - 15　2016—2017 年山东省不同规模饲养生猪饲养成本主要项目变动情况

费用项目	农户散养		小规模饲养		中规模饲养		大规模饲养	
	幅度（%）	金额（元/头）	幅度（%）	金额（元/头）	幅度（%）	金额（元/头）	幅度（%）	金额（元/头）
仔畜费用	−11.40	−92.87	−3.61	−26.82	−9.77	−76.76	−12.33	−120.05
精饲料费	1.79	12.78	−1.77	−13.10	0.60	4.47	−12.70	−80.10
青粗饲料费	—	—	—	—	—	—	—	—
医疗防疫费	−1.85	−0.40	−3.80	−0.57	−21.12	−4.59	−30.76	−6.89
死亡损失费	−3.51	−0.69	−7.20	−0.47	6.87	0.67	3.46	0.57
人工成本	−1.00	−3.52	−0.87	−1.86	0.81	1.15	3.04	2.85

　　从表 5 - 15 数据可以看出，2017 年农户散养生猪的仔畜费用下降 11.40%，下降金额为 92.87 元/头；人工成本降低 1%，下降金额为 3.52 元/头；农户散养生猪产生的医疗防疫费和死亡损失费用分别下降 1.85% 和 3.51%，但 2 项费用支出金额合计仅下降 1.09 元/头。对于农户散养生猪，仔畜费用、医疗防疫费、死亡损失费和人工成本的变动方向与饲养成本的变动方向相同，其中仔畜费用降低是 2017 年农户散养生猪饲养成本下降的最主要原因。2017 年农户散养生猪的仔畜费用下降金额达到 92.87 元/头。精饲料费和人工成本对生猪饲养成本也有较大影响，2017 年农户散养生猪饲养成本中该 2 项费用支出分别变动 12.78 元/头和−3.52 元/头。医疗防疫费和死亡损失费对农户散养生猪饲养成本的影响较小。

　　对于规模饲养生猪而言，仔畜费用下降是 2017 年生猪饲养成本降低的最主要原因。2017 年规模饲养生猪的仔畜费用平均下降了 8.57%，平均下降金额达到 74.54 元/头；精饲料费平均下降了

4.62%，平均下降金额达到 29.58 元/头，对规模生猪饲养成本变动具有较大影响。2017 年规模饲养生猪的医疗防疫费支出平均下降 18.56%，但平均下降金额仅为 4.01 元/头；死亡损失费平均上升 1.04%，平均增加金额为 0.25 元/头；人工成本与 2016 年相比平均上升 0.99%，平均增加金额仅达 0.71 元/头。综上，医疗防疫费、死亡损失费和人工成本变动对 2017 年规模饲养生猪饲养成本的影响较小。

综合分析表 5-15 的数据，可以发现：仔畜费用下降是 2017 年生猪饲养成本下降的最主要原因，精饲料费下降对生猪饲养成本的影响较大，医疗防疫费、死亡损失费和人工成本的变动对生猪饲养成本变动的影响较小。

三、不同饲养规模生猪饲养成本项目的影响分析

对生猪饲养成本费用项目进行影响分析，可以发现不同影响因素对生猪饲养成本的影响程度及影响结果，从而为控制饲养成本服务。饲养成本费用数据取自 2005—2018 年《全国农产品成本效益资料汇编》生猪费用和用工情况表中的数据，是土地成本之外的各物质及服务费用和人工成本。每项物质及服务费和人工成本用由消耗量和价格决定。本部分用统计因素分析模型，分析饲养成本在基期和报告期的增减变化及其影响因素的影响程度和影响结果，把各成本费用项目分解为数量指标和价格指标两个方面具体分析各自的影响，运用一个指数体系分析各成本费用项目消耗量的变动对生猪饲养成本的影响程度和影响结果，分析各成本费用项目的价格变动对生猪饲养成本的影响程度和影响结果。个体指数模型分析某年份某成本费用项目的变动指数，综合指数模型分析某年份某类成本费用或生猪饲养成本的变动指数，个体影响结果模型分析某年份某成本费用项目的变动结果，综合影响结果模型分析某年份某类成本费用或生猪饲养成本综合变动结果。假设不同饲养规模的生猪养殖者是以同一个市场价格购买物质、服务及人工，这样分析可以掌握 2004—2017 年生猪饲养相应的物质、服务与人工价格整体涨跌情

况，又可以了解 4 种饲养规模在相同的物质、服务及人工购买价格下各成本费用项目的消耗量的差异。

（1）个体指数（影响程度）模型——某年份某成本费用项目的变动指数。

$$\frac{p_i q_i}{p_0 q_0} = \frac{p_i}{p_0} \times \frac{q_i}{q_0} = k \frac{q_i}{q_0} \qquad (5.1)$$

式中：p_0 为某成本费用项目基期（2004 年）的价格；p_i 为该成本费用项目报告期的价格；q_0 为该成本费用项目基期（2004 年）的消耗量；q_i 为该成本费用项目报告期的消耗量；$\frac{p_i q_i}{p_0 q_0}$ 为报告期该成本费用项目的变动指数；k 为相对于基期报告期该成本费用项目的个体价格变动指数；$\frac{q_i}{q_0}$ 为报告期该成本费用项目的消耗量变动指数。

（2）综合指数（影响程度）模型——某年份某类成本费用项目或生猪饲养成本的变动指数。

$$\frac{\sum p_{ij} q_{ij}}{\sum p_{0j} q_{0j}} = \frac{\sum p_{0j} q_{ij}}{\sum p_{0j} q_{0j}} \times \frac{\sum p_{ij} q_{ij}}{\sum p_{0j} q_{ij}} = \frac{\sum \dfrac{p_{ij} q_{ij}}{k_j}}{\sum p_{0j} q_{0j}} \times \frac{\sum p_{ij} q_{ij}}{\sum \dfrac{p_{ij} q_{ij}}{k_j}}$$

$$(5.2)$$

式中：$\sum p_{0j} q_{0j}$ 为基期（2004 年）某类成本费用项目或生猪饲养成本的总和；$\sum p_{ij} q_{ij}$ 为报告期某类成本费用项目或生猪饲养成本的总和；$\dfrac{\sum p_{ij} q_{ij}}{\sum p_{0j} q_{0j}}$ 为报告期某类成本费用项目或生猪饲养成本的综合变动指数；k_j 为报告期 j 成本费用项目相对于基期的个体价格变动指数；$\dfrac{\sum \dfrac{p_{ij} q_{ij}}{k_j}}{\sum p_{0j} q_{0j}}$ 为报告期某类成本费用项目或生猪饲养成本的综合消耗量的变动指数；$\dfrac{\sum p_{ij} q_{ij}}{\sum \dfrac{p_{ij} q_{ij}}{k_j}}$ 为报告期某类成本费用项目或生

猪饲养成本的综合价格变动指数。

（3）个体影响结果模型——某年份某成本费用项目的变动结果。

$$(p_i q_i - p_0 q_0) = \left(\frac{p_i q_i}{k} - p_0 q_0\right) + \left(p_i q_i - \frac{p_i q_i}{k}\right)$$

$$(5.3)$$

式中：$(p_i q_i - p_0 q_0)$ 为报告期某成本费用项目变动额；k 为报告期该成本费用项目相对于基期的个体价格变动指数；$\left(p_i q_i - \frac{p_i q_i}{k}\right)$ 为报告期该成本费用项目价格变动对该成本费用项目变动的影响结果；$\left(\frac{p_i q_i}{k} - p_0 q_0\right)$ 表示报告期该成本费用项目的消耗量变动对该成本费用项目变动的影响结果。

（4）综合影响结果模型——某年份某类成本费用项目或生猪饲养成本综合变动结果。

$$\sum(p_{ij} q_{ij} - p_{0j} q_{0j}) = \sum\left[(p_{ij} q_{ij} - p_{0j} q_{ij}) + (p_{0j} q_{ij} - p_{0j} q_{0j})\right]$$

$$= \sum\left(p_{ij} q_{ij} - \frac{p_{ij} q_{ij}}{k_j}\right) + \sum\left(\frac{p_{ij} q_{ij}}{k_j} - p_{0j} q_{0j}\right) \quad (5.4)$$

式中：$\left(\frac{p_{ij} q_{ij}}{k_j} - p_{0j} q_{0j}\right)$ 为报告期 j 成本费用项目消耗量变动对 j 成本费用项目变动的影响结果；$\left(p_{ij} q_{ij} - \frac{p_{ij} q_{ij}}{k_j}\right)$ 为报告期 j 成本费用项目价格变动对 j 成本费用项目变动的影响结果；$\sum\left(\frac{p_{ij} q_{ij}}{k_j} - p_{0j} q_{0j}\right)$ 为报告期某类成本费用项目消耗量变动对该类成本费用项目变动的影响结果；$\sum\left(p_{ij} q_{ij} - \frac{p_{ij} q_{ij}}{k_j}\right)$ 为报告期某类成本费用项目价格变动对该类成本费用项目变动的影响结果；k_j 为报告期 j 成本费用项目相对于基期的个体价格变动指数。

个体指数、综合指数都是发展速度的概念，即报告期是基期的倍数，减 1 即是影响程度。即各成本费用项目如仔畜进价、精饲料费、饲料加工费等物质费用和人工成本消耗量变动对该成本费用项目变动的影响程度用 $\left(\dfrac{kq_i}{q_0} - 1\right)$ 来计算，生猪饲养某类成本费用项目和饲养成本的消耗量变动的影响程度用 $\left[\dfrac{\sum \dfrac{p_{ij}q_{ij}}{k_j}}{\sum p_{0j}q_{0j}} - 1\right]$ 计算。各成本费用项目如仔畜进价、精饲料费、饲料加工费等物质服务费用和人工成本消耗量变动对饲养成本的影响结果用 $\left(\dfrac{p_iq_i}{k} - p_0q_0\right)$ 计算，生猪饲养某类成本费用项目和饲养成本的消耗量变动的影响结果用 $\sum \left(\dfrac{p_{ij}q_{ij}}{k_j} - p_{0j}q_{0j}\right)$ 计算；各成本费用项目如仔畜进价、精饲料费、饲料加工费等物质服务费用和人工成本价格变动对该成本费用项目变动的影响结果用 $\left(p_iq_i - \dfrac{p_iq_i}{k}\right)$ 计算，生猪饲养某类成本费用项目和饲养成本的价格变动的影响结果用 $\sum \left(p_{ij}q_{ij} - \dfrac{p_{ij}q_{ij}}{k_j}\right)$ 计算。

在分析 2005—2017 年各成本费用项目消耗量变动和价格变动的影响分析时，假定价格变动指数 k_j 不变，使用 2004 年的价格指数，取自《中国统计年鉴 2005》第九章价格指数部分，根据各成本费用项目价格指数的相应数据分析得出（表 5 - 16）。比如，仔畜进价的价格变动指数使用的是 9 - 8 中各地区农业生产资料价格分类指数中畜产品的价格指数；精饲料费的价格指数使用的是 9 - 8 中各地区农业生产资料价格分类指数中饲料的价格指数；饲料加工费的价格指数使用的是 9 - 6 各地区居民消费价格分类指数中的家庭服务及加工维修服务费价格指数；水费的价格指数使用的是 9 - 6 各地区居民消费价格分类指数中的水电燃料价格指数；燃料动力费的价格指数使用的是 9 - 4 商品零售价格分类指数中的燃料指数……

表5‑16　2004年单位生猪饲养费用项目的个体价格变动指数

价格 变动指数	仔畜进价	精饲料费	饲料加工费	水费	燃料动力费	工具材料费
k_j	1.276	1.165	1.019	1.075	1.124	1.043

价格 变动指数	修理维护费	其他直接费	直接物质费	间接费用	人工	饲养成本
k_j	1.019	1.052	—	1.031	1.22	—

注：①其他直接费主要是医疗防疫费；②间接费用主要是固定资产折旧

（一）不同饲养规模生猪饲养各成本项目消耗量变化的影响分析

1. 农户散养生猪各成本项目消耗量变化的影响分析

鉴于本书研究意在探究生猪养殖户各成本项目对生猪饲养成本的影响，因此，本部分仅分析物质消耗和人工用量对每头生猪饲养成本的综合影响程度和影响结果。根据表5‑3和表5‑16计算出2005—2017年山东省农户散养生猪各成本项目消耗量对各成本项目变动的影响程度和影响结果，具体结果如表5‑17、表5‑18、表5‑19和表5‑20所示。

表5‑17　2005—2008年农户散养生猪各成本项目消耗量影响分析

费用项目	2005年		2006年		2007年		2008年	
	程度 （%）	结果 （元/头）	程度 （%）	结果 （元/头）	程度 （%）	结果 （元/头）	程度 （%）	结果 （元/头）
仔畜费用	−29.09	−80.43	−51.50	−142.37	−0.08	−0.21	52.12	144.11
精饲料费	−13.53	−51.85	−13.98	−53.57	15.11	57.91	31.92	122.33
饲料加工费	−6.66	−0.46	−7.79	−0.54	−0.03	0.00	4.20	0.29
水费	−44.32	−0.63	−45.63	−0.65	2.19	0.03	6.78	0.10
燃料动力费	−36.10	−1.82	−43.69	−2.20	−41.57	−2.10	−41.92	−2.11
工具材料费	−4.12	−0.08	8.79	0.17	77.35	1.49	51.52	0.99
修理维护费	−11.88	−0.23	−19.39	−0.38	60.72	1.19	42.70	0.84
其他直接费	−7.85	−0.62	28.04	2.20	60.05	4.71	68.65	5.38

（续）

费用项目	2005 年		2006 年		2007 年		2008 年	
	程度(%)	结果(元/头)	程度(%)	结果(元/头)	程度(%)	结果(元/头)	程度(%)	结果(元/头)
直接物质费	−21.71	−152.16	−30.45	−213.39	6.70	46.98	36.51	255.88
间接费用	6.86	0.45	9.25	0.60	11.19	0.73	11.04	0.72
人工	−16.95	−18.68	−25.85	−28.49	−2.10	−2.32	1.03	1.13
饲养成本	−24.07	−173.48	−33.91	−244.36	5.87	42.31	35.33	254.65

表 5-18　2009—2012 年农户散养生猪各成本项目消耗量影响分析

费用项目	2009 年		2010 年		2011 年		2012 年	
	程度(%)	结果(元/头)	程度(%)	结果(元/头)	程度(%)	结果(元/头)	程度(%)	结果(元/头)
仔畜费用	1.09	3.00	2.78	7.69	57.06	157.75	53.83	148.82
精饲料费	25.70	98.49	36.76	140.86	51.52	197.43	63.25	242.37
饲料加工费	−14.55	−1.01	−15.26	−1.06	−20.62	−1.43	−21.89	−1.52
水费	−10.91	−0.15	11.37	0.16	34.29	0.49	19.23	0.27
燃料动力费	−65.93	−3.32	−61.87	−3.12	−55.52	−2.80	−57.63	−2.90
工具材料费	50.52	0.98	49.53	0.96	53.01	1.02	66.42	1.28
修理维护费	−0.36	0.00	11.65	0.23	43.70	0.86	32.68	0.64
其他直接费	114.73	8.99	108.18	8.48	98.00	7.68	118.24	9.27
直接物质费	12.97	90.92	19.71	138.15	49.22	344.95	54.53	382.18
间接费用	2.97	0.19	6.11	0.40	26.88	1.74	−3.60	−0.23
人工	−13.91	−15.33	22.10	24.36	39.10	43.10	103.58	114.18
饲养成本	10.09	72.71	22.18	159.83	47.12	386.72	60.08	493.05

表 5-19　2013—2016 年农户散养生猪各成本项目消耗量影响分析

费用项目	2013 年		2014 年		2015 年		2016 年	
	程度(%)	结果(元/头)	程度(%)	结果(元/头)	程度(%)	结果(元/头)	程度(%)	结果(元/头)
仔畜费用	44.08	121.87	27.86	77.04	43.51	120.29	131.02	362.24
精饲料费	72.12	276.36	74.13	284.08	72.95	279.55	60.35	231.27

（续）

费用项目	2013 年 程度 (%)	2013 年 结果 (元/头)	2014 年 程度 (%)	2014 年 结果 (元/头)	2015 年 程度 (%)	2015 年 结果 (元/头)	2016 年 程度 (%)	2016 年 结果 (元/头)
饲料加工费	−38.52	−2.68	−46.14	−3.21	−29.36	−2.04	−44.45	−3.09
水费	34.95	0.5	83.43	1.18	45.7	0.65	87.36	1.24
燃料动力费	−50.04	−2.52	−51.46	−2.59	−46.11	−2.32	−44.04	−2.22
工具材料费	63.44	1.22	11.09	0.87	61.45	1.19	56.48	1.09
修理维护费	31.68	0.62	35.19	0.69	36.69	0.72	40.19	0.79
其他直接费	131.7	10.33	139.34	10.92	128.43	10.07	162.74	12.76
直接物质费	55.6	389.6	50.36	352.94	55.98	392.33	83.9	588.04
间接费用	1.87	0.12	−1.96	−0.13	2.67	0.17	−2.56	−0.17
人工	130.8	144.2	152	167.55	170.22	187.64	162.27	178.87
饲养成本	64.69	530.9	63.03	517.28	70.32	577.06	93.05	763.66

表 5 - 20　2017 年农户散养生猪各成本项目消耗量影响分析

费用项目	2017 年 程度 (%)	2017 年 结果 (元/头)	平均值 程度 (%)	平均值 结果 (元/头)
仔畜费用	104.69	289.46	33.64	93.02
精饲料费	63.21	242.24	41.50	159.04
饲料加工费	−44.16	−3.07	−21.94	−1.52
水费	51.22	0.73	25.48	0.36
燃料动力费	−44.04	−2.22	−49.41	−2.49
工具材料费	58.47	1.13	49.07	0.95
修理维护费	38.19	0.75	26.09	0.52
其他直接费	157.89	12.38	100.63	7.89
直接物质费	75.01	525.75	34.49	241.71
间接费用	−5.10	−0.33	4.97	0.33
人工	159.66	175.99	67.85	74.79
饲养成本	85.09	698.33	38.37	313.74

通过表 5-17、表 5-18、表 5-19 和表 5-20 对 2005—2017 年山东省农户散养生猪各成本项目消耗量对各成本项目变动的影响程度和影响结果进行分析得出：

（1）仔猪购买质量对仔畜费用影响程度呈上升趋势，2005—2007 年影响程度为负值，2008—2017 年影响程度为正值，呈波动上升趋势。仔猪购买质量的变化使仔畜费用平均上升 33.64%，平均增加金额为 93.02 元/头。

（2）精饲料消耗量对精饲料费的影响程度和影响结果除了 2005 年和 2006 年为负值外，其余年份均为正值，呈波动上升趋势。精饲料消耗量的变化使精饲料费平均上升 41.50%，平均增加金额 159.04 元/头。

（3）用工数量对人工成本的相对影响程度除了 2005 年、2006 年、2007 年和 2009 年为负值外，其余年份均为正值，呈波动上升趋势。用工数量的变化使人工成本平均上升 67.85%，平均上升金额为 74.79 元/头。

（4）各费用项目消耗量的变化对饲养成本的相对影响程度除了 2005 年和 2006 年为负值外，其余年份均为正值，呈波动上升趋势。各费用项目消耗量的变化使饲养成本平均上升 38.37%，平均增加金额为 313.74 元/头。

2. 小规模饲养生猪各成本各项目消耗量变化的影响分析

根据表 5-4 和表 5-16 计算出 2005—2017 年山东省小规模饲养生猪各成本项目消耗量变化的影响程度和影响结果，见表 5-21、表 5-22、表 5-23 和表 5-24。

表 5-21　2005—2008 年小规模饲养生猪各成本项目消耗量影响分析

费用项目	2005 年		2006 年		2007 年		2008 年	
	程度(%)	结果(元/头)	程度(%)	结果(元/头)	程度(%)	结果(元/头)	程度(%)	结果(元/头)
仔畜费用	-25.93	-74.58	-46.28	-133.13	1.84	5.31	55.54	159.77
精饲料费	-13.83	-56.47	-22.23	-90.75	-3.63	-14.83	22.54	92.02

（续）

费用项目	2005 年		2006 年		2007 年		2008 年	
	程度（%）	结果（元/头）	程度（%）	结果（元/头）	程度（%）	结果（元/头）	程度（%）	结果（元/头）
饲料加工费	−10.13	−0.36	−33.29	−1.19	40.59	1.44	76.15	2.71
水费	51.32	0.38	−26.82	−0.20	−35.50	−0.27	12.87	0.10
燃料动力费	31.39	0.74	−6.15	−0.15	−26.42	−0.63	−7.65	−0.18
工具材料费	17.28	0.19	7.01	0.08	25.84	0.29	63.50	0.71
修理维护费	1.13	0.01	−9.36	−0.12	−40.82	−0.53	−13.85	−0.18
其他直接费	−11.11	−1.04	−2.41	−0.22	28.12	2.64	85.06	8.00
直接物质费	−19.39	−140.31	−32.46	−234.87	−2.18	−15.77	35.07	253.75
间接费用	9.22	0.75	−11.16	−0.90	2.99	0.24	21.93	1.77
人工	−16.94	−7.98	−15.51	−7.31	−27.70	−13.06	−13.44	−6.33
饲养成本	−19.26	−150.61	−31.48	−246.14	−4.05	−31.64	31.48	246.13

表 5‑22　2009—2012 年小规模饲养生猪各成本项目消耗量影响分析

费用项目	2009 年		2010 年		2011 年		2012 年	
	程度（%）	结果（元/头）	程度（%）	结果（元/头）	程度（%）	结果（元/头）	程度（%）	结果（元/头）
仔畜费用	−4.99	−14.36	−1.28	−3.69	54.44	156.60	52.76	151.77
精饲料费	20.33	83.00	39.10	159.61	57.01	232.74	66.59	271.86
饲料加工费	76.70	2.73	41.69	1.48	35.07	1.25	44.72	1.59
水费	63.72	0.48	69.92	0.52	109.61	0.82	114.57	0.86
燃料动力费	−9.53	−0.23	−9.91	−0.23	−5.78	−0.14	12.62	0.30
工具材料费	59.22	0.66	49.81	0.56	69.50	0.78	67.79	0.76
修理维护费	0.38	0.01	−14.60	−0.19	2.63	0.03	−3.36	−0.04
其他直接费	78.89	7.42	95.68	8.99	93.15	8.76	83.95	7.89
直接物质费	9.75	70.53	21.82	157.86	54.12	391.65	58.84	425.80
间接费用	2.15	0.17	16.30	1.32	29.12	2.36	25.41	2.06
人工	−4.92	−2.32	25.76	12.14	74.82	35.26	163.92	77.26
饲养成本	8.35	65.32	21.07	164.73	54.51	426.21	64.21	502.05

表 5 - 23　2013—2016 年小规模饲养生猪各成本项目消耗量影响分析

费用项目	2013 年		2014 年		2015 年		2016 年	
	程度(%)	结果(元/头)	程度(%)	结果(元/头)	程度(%)	结果(元/头)	程度(%)	结果(元/头)
仔畜费用	43.7	125.73	34.62	99.61	44.52	128.08	102.2	294.02
精饲料费	76.38	311.81	79.12	322.98	64.72	264.21	55.54	226.72
饲料加工费	−23.92	−0.85	6.68	0.24	−7.93	−0.28	8.06	0.29
水费	135.66	1.02	185.27	1.39	174.11	1.31	153.02	1.15
燃料动力费	9.61	0.23	7.36	0.17	19.75	0.47	0.61	0.01
工具材料费	81.48	0.91	94.91	0.95	77.2	0.86	72.92	0.82
修理维护费	4.88	0.06	8.62	0.11	10.12	0.13	7.12	0.09
其他直接费	86.47	8.13	64.43	6.06	71.2	6.69	51.59	4.85
直接物质费	60.51	437.85	58.36	422.33	54.21	392.29	71.69	518.76
间接费用	1.79	0.14	13.78	1.11	10.9	0.88	8.14	0.66
人工	223.63	105.4	223.75	105.45	252.57	119.03	271.1	127.77
饲养成本	69.11	540.4	67.25	525.83	65.12	509.14	82.38	644.13

表 5 - 24　2017 年小规模饲养生猪各成本项目消耗量影响分析

费用项目	2017 年		平均值	
	程度(%)	结果(元/头)	程度(%)	结果(元/头)
仔畜费用	94.90	273.00	31.23	89.86
精饲料费	52.78	215.48	38.03	155.26
饲料加工费	29.84	1.06	21.86	0.78
水费	146.82	1.10	88.81	0.67
燃料动力费	5.86	0.14	1.67	0.04
工具材料费	87.47	0.98	58.76	0.66
修理维护费	19.11	0.25	−2.15	−0.03
其他直接费	45.82	4.31	59.30	5.58

（续）

费用项目	2017 年		平均值	
	程度 （%）	结果 （元/头）	程度 （%）	结果 （元/头）
直接物质费	67.32	487.13	33.67	243.62
间接费用	2.51	0.20	10.24	0.83
人工	267.87	126.25	109.61	51.66
饲养成本	78.08	610.52	37.44	292.77

通过表 5-21、表 5-22、表 5-23 和表 5-24 分析 2005—2017 年山东省小规模饲养生猪各成本项目消耗量对各成本项目变动的影响程度和影响结果：

（1）仔猪购买质量对仔畜费用的相对影响程度除了 2005 年、2006 年、2009 年和 2010 年为负值外，其余年份均为正值，呈波动上升趋势。仔猪购买质量的变化使仔畜费用平均上升 31.23%，平均上升金额为 89.86 元/头。

（2）精饲料的消耗量对精饲料的相对影响程度呈波动上升趋势。其中，2005—2007 年为负值，2008—2017 年为正值，精饲料消耗量的变化使精饲料费平均上升 38.03%，平均增加金额为 155.26 元/头。

（3）用工数量对人工成本的相对影响程度除了 2005—2009 年为负值外，其余年份均为正值，呈上升趋势。用工数量的变化使人工成本平均上升 109.61%，平均增加金额为 51.66 元/头。

（4）各费用项目消耗量的变化对饲养成本的相对影响程度除了 2005 年、2006 年和 2007 年为负值外，其余年份均为正值，呈波动上升趋势。各费用项目消耗量的变化使饲养成本平均上升 37.44%，平均增加金额为 292.77 元/头。

3. 中规模饲养生猪各成本各项目消耗量变化的影响分析

根据表 5-5 和表 5-16 计算出 2005—2017 年山东省中规模饲养生猪各成本项目消耗量变化的影响程度和影响结果，如表 5-25、

表 5‑26、表 5‑27 和表 5‑28 所示。

表 5‑25 2005—2008 年中规模饲养生猪各成本项目消耗量影响分析

费用项目	2005 年		2006 年		2007 年		2008 年	
	程度（%）	结果（元/头）	程度（%）	结果（元/头）	程度（%）	结果（元/头）	程度（%）	结果（元/头）
仔畜费用	−28.68	−82.16	−51.36	−147.17	7.93	22.72	40.21	115.20
精饲料费	−11.32	−44.02	−9.27	−36.07	16.49	64.15	32.05	124.67
饲料加工费	51.59	1.27	52.79	1.30	149.33	3.67	63.96	1.57
水费	−6.98	−0.09	−1.73	−0.02	14.03	0.17	50.79	0.63
燃料动力费	−5.32	−0.24	−22.65	−1.02	−17.13	−0.77	−0.21	−0.01
工具材料费	−34.08	−0.49	−23.43	−0.34	17.18	0.25	23.18	0.33
修理维护费	5.82	0.07	9.23	0.11	57.87	0.67	54.46	0.63
其他直接费	−10.12	−1.08	3.36	0.36	26.56	2.83	67.26	7.16
直接物质费	−20.16	−143.98	−28.01	−200.09	10.70	76.45	32.62	232.96
间接费用	−4.46	−0.36	−2.04	−0.16	36.76	2.94	54.83	4.39
人工	−18.40	−8.20	−33.45	−14.90	−26.35	−11.74	−14.67	−6.53
饲养成本	−20.38	−157.24	−28.50	−219.86	8.16	62.95	29.31	226.11

表 5‑26 2009—2012 年中规模饲养生猪各成本项目消耗量影响分析

费用项目	2009 年		2010 年		2011 年		2012 年	
	程度（%）	结果（元/头）	程度（%）	结果（元/头）	程度（%）	结果（元/头）	程度（%）	结果（元/头）
仔畜费用	−7.38	−21.14	−11.76	−33.70	47.22	135.30	61.10	175.08
精饲料费	35.51	138.13	46.94	182.60	61.34	238.63	72.54	282.17
饲料加工费	42.81	1.05	41.62	1.02	8.91	0.22	4.52	0.11
水费	27.53	0.34	28.28	0.35	43.29	0.54	75.54	0.94
燃料动力费	−14.58	−0.66	−7.10	−0.32	−3.95	−0.18	2.35	0.11
工具材料费	7.86	0.11	16.52	0.24	23.18	0.33	13.85	0.20
修理维护费	22.88	0.26	20.32	0.23	31.42	0.36	49.34	0.57
其他直接费	64.05	6.82	73.60	7.84	72.26	7.70	71.01	7.56
直接物质费	15.08	107.70	19.75	141.03	51.20	365.67	62.94	449.51

（续）

费用项目	2009 年		2010 年		2011 年		2012 年	
	程度 （%）	结果 （元/头）	程度 （%）	结果 （元/头）	程度 （%）	结果 （元/头）	程度 （%）	结果 （元/头）
间接费用	82.35	6.59	76.65	6.13	101.87	8.15	78.35	6.27
人工	−0.92	−0.41	27.90	12.43	73.47	32.72	101.11	45.03
饲养成本	14.15	109.17	20.08	154.88	52.09	401.83	64.30	496.10

表 5 - 27　2013—2016 年中规模饲养生猪各成本项目消耗量影响分析

费用项目	2013 年		2014 年		2015 年		2016 年	
	程度 （%）	结果 （元/头）	程度 （%）	结果 （元/头）	程度 （%）	结果 （元/头）	程度 （%）	结果 （元/头）
仔畜费用	39.37	112.8	32.14	92.08	49.93	143.08	114.88	329.17
精饲料费	76.05	295.84	82.36	320.41	71.75	279.13	64.34	250.29
饲料加工费	4.52	0.11	−49.34	−1.21	−21.01	−0.52	−1.86	−0.05
水费	78.54	0.97	109.3	1.36	105.55	1.31	117.55	1.46
燃料动力费	−21.07	−0.95	−29.93	−1.35	−33.67	−1.52	−27.17	−1.23
工具材料费	41.15	0.59	46.48	0.67	47.14	0.68	57.13	0.82
修理维护费	76.64	0.88	72.38	0.83	77.5	0.89	83.47	0.96
其他直接费	69.94	7.45	81.01	8.63	91.99	9.8	93.95	10.01
直接物质费	56.07	400.46	56.59	404.18	58.19	415.61	80.40	574.20
间接费用	56.89	4.55	59.68	4.77	83.80	6.70	70.10	5.61
人工	159.7	71.13	169.05	75.3	159.28	70.94	161.6	71.98
饲养成本	61.11	471.43	62.16	479.54	63.33	488.55	83.87	647.07

表 5 - 28　2017 年中规模饲养生猪各成本项目消耗量影响分析

费用项目	2017 年		平均值	
	程度 （%）	结果 （元/头）	程度 （%）	结果 （元/头）
仔畜费用	93.89	269.01	29.81	85.41
精饲料费	65.33	254.12	46.47	180.77

（续）

费用项目	2017 年		平均值	
	程度（%）	结果（元/头）	程度（%）	结果（元/头）
饲料加工费	−27.00	−0.664 1	24.68	0.61
水费	126.56	1.57	59.10	0.73
燃料动力费	−29.93	−1.35	−16.18	−0.73
工具材料费	50.47	0.73	22.05	0.32
修理维护费	49.34	0.57	46.97	0.54
其他直接费	52.98	5.64	58.30	6.21
直接物质费	71.74	512.39	35.93	256.62
间接费用	64.04	5.12	58.37	4.67
人工	163.72	72.92	70.93	31.59
饲养成本	75.92	585.73	37.35	288.17

通过表 5 - 25、表 5 - 26、表 5 - 27 和表 5 - 28 数据分析 2005—2017 年山东省中规模饲养生猪各成本项目消耗量对各成本项目变动的影响程度和影响结果：

（1）仔猪购买质量对仔畜费用的相对影响程度除了 2005 年、2006 年、2009 年和 2010 年为负值，其余年份均为正值，呈波动上升趋势。仔猪购买质量的变化使仔畜费用平均上升 29.81%，平均上升金额为 85.41 元/头。

（2）精饲料的消耗量对精饲料的相对影响程度呈上升趋势。其中，2005 年和 2006 年为负值外，其余年份均为正值，呈波动上升趋势。精饲料消耗量的变化使精饲料费平均上升 46.47%，平均增加金额为 180.77 元/头。

（3）用工数量对人工成本的相对影响程度除了 2005—2009 年为负值外，其余年份均为正值，呈上升趋势。用工数量的变化使人工成本平均上升 70.93%，平均增加金额为 31.59 元/头。

（4）各费用项目消耗量的变化对饲养成本的相对影响程度除了

2005 年和 2006 年为负值外，其余年份均为正值，呈波动上升趋势。各费用项目消耗量的变化使饲养成本平均上升 37.35%，平均增加金额为 288.17 元/头。

4. 大规模饲养生猪各成本项目消耗量变化的影响分析

根据表 5－6 和表 5－16 计算出 2005—2017 年山东省大规模饲养生猪各成本项目消耗量变化的影响程度和影响结果，计算结果如表 5－29、表 5－30、表 5－31 和表 5－32 所示。

表 5－29　2005—2008 年大规模饲养生猪各成本项目消耗量影响分析

费用项目	2005 年		2006 年		2007 年		2008 年	
	程度(%)	结果(元/头)	程度(%)	结果(元/头)	程度(%)	结果(元/头)	程度(%)	结果(元/头)
仔畜费用	−27.14	−74.21	−37.23	—	−1.99	−5.44	67.43	184.38
精饲料费	−17.48	−72.65	−11.66	−48.45	16.67	69.30	5.96	24.79
饲料加工费	243.47	0.73	498.63	1.50	335.07	1.01	138.80	0.42
水费	84.59	1.08	51.89	0.66	−33.14	−0.42	−45.49	−0.58
燃料动力费	29.27	1.06	45.00	1.63	−43.96	−1.59	−67.80	−2.45
工具材料费	18.76	0.17	−13.93	−0.12	105.92	0.93	74.32	0.65
修理维护费	−6.70	−0.19	−58.19	−1.65	51.70	1.47	−36.07	−1.02
其他直接费	0.77	0.09	10.04	1.15	16.17	1.86	18.32	2.10
直接物质费	−21.51	−154.95	−21.95	−158.10	7.78	56.07	27.38	197.26
间接费用	1.09	0.12	21.24	2.36	−42.43	−4.72	−39.73	−4.42
人工	−11.29	−1.84	−16.47	−2.68	36.76	5.99	57.59	9.38
饲养成本	−22.28	−169.47	−22.51	−171.22	5.86	44.54	24.90	189.42

表 5－30　2009—2012 年大规模饲养生猪各成本项目消耗量影响分析

费用项目	2009 年		2010 年		2011 年		2012 年	
	程度(%)	结果(元/头)	程度(%)	结果(元/头)	程度(%)	结果(元/头)	程度(%)	结果(元/头)
仔畜费用	23.46	64.14	16.61	45.41	56.89	155.55	96.56	264.02
精饲料费	6.60	27.42	17.95	74.59	35.89	149.17	40.43	168.00

（续）

费用项目	2009 年 程度（%）	2009 年 结果（元/头）	2010 年 程度（%）	2010 年 结果（元/头）	2011 年 程度（%）	2011 年 结果（元/头）	2012 年 程度（%）	2012 年 结果（元/头）
饲料加工费	233.66	0.70	312.17	0.94	416.85	1.25	295.81	0.89
水费	−38.23	−0.49	−72.38	−0.93	−62.94	−0.81	−55.67	−0.71
燃料动力费	−69.52	−2.52	−45.69	−1.65	−42.49	−1.54	−41.51	−1.50
工具材料费	129.89	1.14	256.27	2.26	355.42	3.13	394.64	3.47
修理维护费	5.39	0.15	56.88	1.62	84.87	2.41	79.34	2.25
其他直接费	52.94	6.08	60.55	6.95	73.06	8.39	82.66	9.49
直接物质费	11.88	85.60	16.40	118.15	42.55	306.52	60.36	434.88
间接费用	−39.64	−4.41	−33.27	−3.70	−26.03	−2.89	−25.86	−2.88
人工	97.45	15.87	175.34	28.56	208.45	33.96	261.08	42.53
饲养成本	11.08	84.27	17.12	130.21	42.70	324.78	60.70	461.73

表 5-31　2013—2016 年大规模饲养生猪各成本项目消耗量影响分析

费用项目	2013 年 程度（%）	2013 年 结果（元/头）	2014 年 程度（%）	2014 年 结果（元/头）	2015 年 程度（%）	2015 年 结果（元/头）	2016 年 程度（%）	2016 年 结果（元/头）
仔畜费用	84.56	231.22	70.18	191.88	82.66	226.01	179.03	489.52
精饲料费	47.5	197.42	51.59	214.38	45.60	189.48	30.24	125.66
饲料加工费	524.8	1.57						
水费	−60.76	−0.78	−22.24	−0.28	−20.78	−0.27	−1.16	−0.01
燃料动力费	−41.02	−1.48	−26.52	−0.96	−22.83	−0.83	−29.96	−1.08
工具材料费	503.59	4.43	528.65	4.65	490.52	4.32	215.96	1.90
修理维护费	68.28	1.94	82.10	2.33	56.19	1.60	58.26	1.65
其他直接费	79.6	9.14	77.03	8.84	74.63	8.57	85.48	9.81
直接物质费	60.02	432.42	56.84	409.51	57.96	417.55	85.52	616.12

（续）

费用项目	2013 年		2014 年		2015 年		2016 年	
	程度（%）	结果（元/头）	程度（%）	结果（元/头）	程度（%）	结果（元/头）	程度（%）	结果（元/头）
间接费用	−5.97	−0.66	−5.54	−0.62	1.44	0.16	−25.42	−2.83
人工	270.69	44.1	335.65	54.68	375.05	61.10	371.07	60.45
饲养成本	60.89	463.05	59.26	450.77	61.26	466.00	86.89	660.94

表 5 - 32　2017 年大规模饲养生猪各成本项目消耗量影响分析

费用项目	2017 年		平均值	
	程度（%）	结果（元/头）	程度（%）	结果（元/头）
仔畜费用	144.62	395.44	58.13	158.93
精饲料费	13.69	56.90	21.77	90.46
饲料加工费	—	—	230.71	0.69
水费	1.02	0.01	−21.18	−0.27
燃料动力费	−31.43	−1.14	−29.88	−1.08
工具材料费	159.30	1.40	247.64	2.18
修理维护费	7.81	0.22	34.60	0.98
其他直接费	28.43	3.26	50.74	5.83
直接物质费	61.74	444.77	34.23	246.60
间接费用	−24.90	−2.77	−18.85	−2.10
人工	385.41	62.78	195.91	31.91
饲养成本	64.68	491.99	34.66	263.62

通过表 5 - 29、表 5 - 30、表 5 - 31 和表 5 - 32 所列数据，分析 2005—2017 年山东省大规模饲养生猪各成本项目消耗量对各成本项目变动的影响程度和影响结果，分析结论如下：

（1）山东省大规模生猪饲养购买的仔猪质量对仔畜费用的相对影响程度除了 2005 年、2006 年和 2007 年为负值，其余年份均为正值，呈波动上升趋势。仔猪购买质量的变化使仔畜费用平均上升

58.13%，平均增加金额为 158.93 元/头。

（2）精饲料的消耗量对精饲料费的相对影响程度呈波动上升趋势。其中，2005 年和 2006 年为负值外，其余年份均为正值，呈波动上升趋势。精饲料消耗量的变化使精饲料费平均上升 21.77%，平均增加金额为 90.46 元/头。

（3）用工数量对人工成本的相对影响程度呈上升趋势，其中，除了 2005 年和 2006 年为负值外，其余年份均为正值，呈波动上升趋势。用工数量的变化使人工成本平均上升 195.91%，平均增加金额为 31.91 元/头。

（4）各费用项目消耗量的变化对饲养成本的相对影响程度除了 2005 年和 2006 年为负值外，其余年份均为正值，呈波动上升趋势。各费用项目消耗量的变化使饲养成本平均上升 34.66%，平均增加金额为 263.62 元/头。

综合上述描述可以看出：

（1）2005—2017 年，中规模饲养的仔猪购买质量的变化对仔畜费用的影响程度为 4 种饲养规模中最低的，大规模饲养的精饲料消耗量的变化对精饲料费的影响程度为 4 种规模中最低的，大规模饲养的各费用项目的消耗量对饲养成本的影响程度也为 4 种饲养规模中最低。

（2）2005—2017 年，人工成本在 4 种饲养规模中用工数量对其影响程度均呈上升趋势，农户散养、小规模饲养、中规模饲养和大规模饲养用工数量对人工成本的平均影响程度均为正值。其中，大规模饲养用工数量对人工成本的平均影响程度为 4 种饲养规模中最高的，高达 195.91%。

（二）不同饲养规模生猪饲养各成本项目价格变化的影响分析

在分析价格变动对各成本项目影响时，假定价格指数 k_j 不变，以 2004 年各成本项目的价格指数作为 2005—2017 年价格变动指数，在此基础上使用各成本项目各年份的实际价格数据，分析价格对各成本项目及饲养成本的影响。

通过表 5 - 3、表 5 - 4、表 5 - 5、表 5 - 6 和表 5 - 16 计算出

2005—2017 年山东省散养、小规模饲养、中规模饲养和大规模饲养各成本项目价格变动对饲养成本的影响结果，如表 5-33、表 5-34、表 5-35、表 5-36 所示。

表 5-33　2005—2017 年山东省农户散养生猪各成本项目价格变动影响分析

费用项目	2005 年	2006 年	2007 年	2008 年	2009 年	2010 年	2011 年
仔畜费用	54.11	37.01	76.25	116.08	77.14	78.43	119.85
精饲料费	54.67	54.39	72.78	83.41	79.48	86.47	95.80
饲料加工费	0.12	0.12	0.13	0.14	0.11	0.11	0.10
水费	0.06	0.06	0.11	0.11	0.09	0.12	0.14
燃料动力费	0.40	0.35	0.37	0.36	0.21	0.24	0.28
工具材料费	0.08	0.09	0.15	0.13	0.12	0.12	0.13
修理维护费	0.03	0.03	0.06	0.05	0.04	0.04	0.05
其他直接费	0.38	0.52	0.65	0.69	0.88	0.85	0.81
直接物质费	126.09	107.74	165.11	214.09	181.45	188.94	234.53
间接费用	0.21	0.22	0.22	0.22	0.21	0.21	0.26
人工	20.14	17.98	23.74	24.50	20.88	29.61	33.73
饲养成本	148.98	128.71	192.78	242.58	205.04	221.26	271.58

费用项目	2012 年	2013 年	2014 年	2015 年	2016 年	2017 年	平均值
仔畜费用	117.38	109.95	97.57	109.51	176.29	156.20	101.98
精饲料费	103.22	108.83	110.10	109.36	101.39	103.20	89.47
饲料加工费	0.10	0.08	0.07	0.09	0.07	0.07	0.10
水费	0.13	0.14	0.20	0.18	0.20	0.19	0.13
燃料动力费	0.26	0.31	0.30	0.32	0.35	0.35	0.32
工具材料费	0.14	0.14	0.12	0.13	0.13	0.13	0.12
修理维护费	0.05	0.05	0.05	0.05	0.05	0.05	0.05
其他直接费	0.89	0.94	0.98	0.93	1.07	1.05	0.82
直接物质费	241.46	235.66	225.53	237.09	299.28	280.39	210.56
间接费用	0.19	0.20	0.20	0.21	0.20	0.19	0.21
人工	49.37	55.98	61.11	65.53	63.60	62.97	40.70
饲养成本	294.55	295.13	290.62	306.85	367.76	353.00	255.30

表 5‒34　2005—2011 年山东省小规模饲养生猪各成本项目价格变动影响分析

费用项目	2005 年	2006 年	2007 年	2008 年	2009 年	2010 年	2011 年
仔畜费用	58.81	42.66	80.86	123.50	75.44	78.38	122.62
精饲料费	58.04	52.39	64.91	82.54	81.06	93.69	105.76
饲料加工费	0.06	0.05	0.10	0.12	0.12	0.10	0.09
水费	0.09	0.04	0.04	0.06	0.09	0.10	0.12
燃料动力费	0.39	0.28	0.22	0.27	0.27	0.26	0.28
工具材料费	0.06	0.05	0.06	0.08	0.08	0.07	0.08
修理维护费	0.03	0.02	0.01	0.02	0.02	0.02	0.03
其他直接费	0.43	0.48	0.63	0.90	0.87	0.96	0.94
直接物质费	129.75	114.56	155.43	220.28	174.38	182.85	240.28
间接费用	0.27	0.22	0.26	0.31	0.26	0.29	0.32
人工	8.61	8.76	7.50	8.97	9.86	12.26	18.13
饲养成本	141.03	125.70	165.94	233.18	137.09	203.60	263.17

费用项目	2012 年	2013 年	2014 年	2015 年	2016 年	2017 年	平均值
仔畜费用	121.29	114.10	106.89	114.75	160.55	154.75	104.20
精饲料费	112.22	118.81	120.65	110.96	104.77	102.91	92.98
饲料加工费	0.10	0.05	0.07	0.06	0.07	0.09	0.08
水费	0.12	0.13	0.16	0.15	0.14	0.14	0.11
燃料动力费	0.33	0.32	0.32	0.35	0.30	0.31	0.30
工具材料费	0.08	0.09	0.09	0.09	0.08	0.09	0.08
修理维护费	0.02	0.03	0.03	0.03	0.03	0.03	0.02
其他直接费	0.90	0.91	0.80	0.84	0.74	0.71	0.78
直接物质费	242.50	243.12	237.54	233.53	273.63	265.57	208.72
间接费用	0.31	0.26	0.29	0.28	0.27	0.26	0.28
人工	27.36	33.56	33.57	36.56	38.48	38.14	21.67
饲养成本	276.54	283.35	278.08	277.35	320.96	312.65	232.20

表 5 - 35　2005—2011 年山东省中规模饲养生猪各成本项目价格变动影响分析

费用项目	2005 年	2006 年	2007 年	2008 年	2009 年	2010 年	2011 年
仔畜费用	56.40	38.46	85.35	110.88	73.25	69.78	116.43
精饲料费	56.92	58.24	74.77	84.76	86.98	94.31	103.56
饲料加工费	0.07	0.07	0.12	0.08	0.07	0.07	0.05
水费	0.09	0.09	0.11	0.14	0.12	0.12	0.13
燃料动力费	0.53	0.43	0.46	0.56	0.48	0.52	0.54
工具材料费	0.04	0.05	0.07	0.08	0.07	0.07	0.08
修理维护费	0.02	0.02	0.03	0.03	0.03	0.03	0.03
其他直接费	0.50	0.57	0.70	0.93	0.91	0.96	0.95
直接物质费	133.11	122.93	178.50	207.94	171.93	173.91	230.38
间接费用	0.24	0.24	0.34	0.38	0.45	0.44	0.50
人工	8.00	6.52	7.22	8.36	9.71	12.53	17.00
饲养成本	144.39	133.17	189.46	219.83	184.59	189.43	249.93

费用项目	2012 年	2013 年	2014 年	2015 年	2016 年	2017 年	平均值
仔畜费用	127.40	110.21	104.50	118.57	169.93	153.33	102.65
精饲料费	110.75	113.00	117.05	110.24	105.48	106.12	94.01
饲料加工费	0.05	0.05	0.02	0.04	0.05	0.03	0.06
水费	0.16	0.17	0.19	0.19	0.20	0.21	0.15
燃料动力费	0.57	0.44	0.39	0.37	0.41	0.39	0.47
工具材料费	0.07	0.09	0.09	0.09	0.10	0.09	0.08
修理维护费	0.03	0.04	0.04	0.04	0.04	0.03	0.03
其他直接费	0.95	0.94	1.00	1.06	1.07	0.85	0.88
直接物质费	247.45	232.17	232.53	240.29	287.63	272.07	210.07
间接费用	0.44	0.39	0.40	0.46	0.42	0.41	0.39
人工	19.71	25.45	26.36	25.41	25.63	25.84	16.75
饲养成本	269.92	260.56	262.02	269.22	316.58	301.52	230.05

表 5‑36　2005—2011 年山东省大规模饲养生猪各成本项目价格变动影响分析

费用项目	2005 年	2006 年	2007 年	2008 年	2009 年	2010 年	2011 年
仔畜费用	54.99	47.37	73.96	126.36	93.17	88.00	118.40
精饲料费	56.58	60.58	80.00	72.66	73.10	80.88	93.18
饲料加工费	0.02	0.03	0.02	0.01	0.02	0.02	0.03
水费	0.18	0.15	0.06	0.05	0.06	0.03	0.04
燃料动力费	0.58	0.65	0.25	0.14	0.14	0.24	0.26
工具材料费	0.04	0.03	0.08	0.07	0.09	0.13	0.17
修理维护费	0.05	0.02	0.08	0.03	0.06	0.08	0.10
其他直接费	0.60	0.66	0.69	0.71	0.91	0.96	1.03
直接物质费	122.63	122.07	163.66	210.45	177.39	182.43	226.12
间接费用	0.35	0.42	0.20	0.21	0.21	0.23	0.25
人工	3.18	2.99	4.90	5.65	7.08	9.87	11.05
饲养成本	138.18	133.15	174.47	221.53	189.14	260.03	241.08

费用项目	2012 年	2013 年	2014 年	2015 年	2016 年	2017 年	平均值
仔畜费用	148.34	139.28	128.43	137.84	210.58	184.61	119.33
精饲料费	96.29	101.14	103.94	99.84	89.30	77.96	83.50
饲料加工费	0.02	0.04	—	—	—	—	0.02
水费	0.04	0.04	0.07	0.08	0.09	0.10	0.08
燃料动力费	0.26	0.26	0.33	0.35	0.31	0.31	0.31
工具材料费	0.19	0.23	0.24	0.22	0.12	0.10	0.13
修理维护费	0.10	0.09	0.10	0.08	0.09	0.06	0.07
其他直接费	1.09	1.07	1.06	1.04	1.11	0.77	0.90
直接物质费	259.23	257.46	251.55	253.39	318.08	280.95	217.34
间接费用	0.26	0.32	0.33	0.35	0.26	0.26	0.28
人工	12.94	13.28	15.61	17.02	16.88	17.40	10.60
饲养成本	276.03	271.07	268.98	274.02	338.02	301.48	237.47

通过表 5 - 33、表 5 - 34、表 5 - 35、表 5 - 36 可以看出，2005—2017 年价格变动对农户散养、小规模饲养、中规模饲养、大规模饲养的饲养成本的影响结果均为正值。2005—2017 年价格变动对饲养成本、仔畜费用、精饲料费、人工成本的影响结果的变化趋势与饲养成本、仔畜费用、精饲料费、人工成本的变化趋势基本一致。

2005—2017 年生猪饲养成本在 4 种饲养模式下呈周期性波动状态，与生猪价格的走势基本一致。2016 年和 2007 年为饲养成本的高点，2006 年为饲养成本的低点。每当生猪饲养成本降至低点以后，总是呈现回升趋势，波动周期进入上升阶段，而达到高点后，也总是呈现下跌的趋势，波动周期进入下降的阶段。只要市场机制起作用，这样的周而复始的波动，就一定会发生。

（1）仔猪价格上涨。由于 2007 年以前猪肉价格低迷，农民养猪积极性不高，母猪存栏量减少，导致仔猪供应量减少。从 2007 年开始，猪肉价格迅速上涨，农民养猪热情大涨，仔猪需求量上涨。由于仔猪存栏量不足，仔猪市场供需矛盾致使仔猪价格不断攀升，推动生猪饲养成本增加。

（2）饲料原料价格变动对生猪饲养成本影响重大。2005—2017 年饲料费用占生猪饲养成本的比重为 42%～59%，饲料费是费用项目中占生猪饲养成本比重最大一项，对饲养成本影响也是最大的。玉米是猪饲料的重要组成部分，在猪饲料占有较大的比例，生猪价格的变动与玉米价格的变动有着莫大关系。2004 年以来玉米价格呈现持续上升的趋势，由 2004 年的 1.08 元/千克上升到 2011 年的 2.25 元/千克，增加了 1.07 倍。此外，浓缩饲料价格也有不同程度的上涨，这些饲料原料价格的上涨导致了生猪饲养成本增加。

（3）生猪疫情多发，医疗防疫费用增加。近年来生猪疫情频发导致生猪市场供应紧张，使得猪肉供应及价格大幅波动，生猪医疗防疫费成为影响生猪饲养成本的一个重要的因素。不少散养户、中小规模养殖场防疫条件较差，而以农户散养为主的饲养模式，加大了生猪疫病的控制难度。生猪疫病及生猪隐性疫病的发生，不仅推高了医疗费用，而且带来生猪饲料转化率、母猪产仔率等多方面的影响。病猪、死猪增多，影响生猪饲养成本，更是影响生猪供应的安全。

（4）物价普遍上涨。除饲料价格上涨外，与生猪饲养有关的油价、运输成本、防疫药品等物资价格的上涨都对生猪饲养成本变动产生了一定影响。城镇工资水平的上调，带动了养猪场工人工资的上涨，人工成本不断增加。

四、山东省生猪饲养成本与全国的比较分析

《我国生猪优势区域布局规划（2008—2017年)》把山东省划为中部生猪优势区。本书通过与全国生猪平均饲养成本和生猪优势区饲养成本进行比较，以发现山东省生猪饲养成本控制方面的不足之处，从而有助于继续发挥山东省生猪饲养的优势，达到发展健康养殖，提高调出能力的目标。

（一）山东省生猪饲养成本与全国最高、最低和平均水平的比较

为分析山东省不同规模饲养生猪的饲养成本在全国所处的位置，现将山东省农户散养、小规模饲养、中规模饲养和大规模饲养的饲养成本与全国最高、最低和平均成本进行比较，根据不同年份和不同阶段的对比以发现山东省各个规模饲养生猪在全国范围的优势和劣势。

1. 农户散养生猪饲养成本的比较分析

根据2005—2018年的《全国农产品成本效益调查资料汇编》数据，得出山东省及全国农户散养生猪饲养成本数据，详见表5-37。

表5-37 山东省及全国农户散养生猪饲养成本

单位：元/头

年份	全国最高	全国最低	全国平均	山东省
2004	1 037.23	569.28	803.76	820.87
2005	1 044.81	689.06	803.79	796.23
2006	1 070.75	665.83	782.06	705.27

（续）

年份	全国最高	全国最低	全国平均	山东省
2007	1 247.53	860.85	1 058.57	1 055.91
2008	1 652.19	992.46	1 316.17	1 317.97
2009	1 394.31	982.40	1 180.82	1 098.49
2010	1 454.43	1 056.92	1 250.20	1 201.81
2011	1 817.67	1 388.11	1 576.30	1 478.98
2012	2 207.06	1 488.11	1 778.15	1 608.28
2013	2 264.21	1 360.29	1 853.02	1 646.66
2014	2 253.01	1 302.08	1 844.00	1 628.58
2015	2 225.54	1 330.05	1 835.35	1 704.59
2016	2 519.36	1 607.56	2 050.61	1 952.11
2017	2 452.52	1 357.74	2 006.98	1 872.01

　　根据表 5 - 37 绘制出 2004—2017 年农户散养生猪全国平均、全国最高、全国最低和山东省饲养成本雷达图（图 5 - 3）。

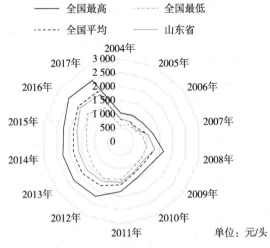

图 5 - 3　2004—2017 年农户散养生猪饲养成本雷达图

由图5-3可以看出，山东省农户散养生猪的成本远低于全国最高成本，但明显高于全国的最低值，与全国平均成本较为贴近，基本介于全国平均成本与全国最低成本之间。根据表5-37的数据可以算出：山东省农户散养生猪饲养成本与全国最高成本之间的平均比值为0.77：1，与全国最低成本之间的平均比值为1.21：1，与全国平均成本之间的平均比值为0.94：1。由此可见，山东省农户散养生猪的饲养成本略低于全国平均水平。

2. 小规模饲养生猪饲养成本的比较分析

根据2005—2018年的《全国农产品成本效益调查资料汇编》数据，得出全国小规模饲养生猪饲养成本的最高、最低以及平均水平和山东省小规模饲养生猪饲养成本的相关数据（表5-38）。

表5-38 山东省及全国小规模饲养生猪饲养成本

单位：元/头

年份	全国最高	全国最低	全国平均	山东省
2004	967.88	515.56	761.59	785.67
2005	883.45	610.91	734.39	773.87
2006	867.68	560.76	721.28	663.17
2007	1 185.75	840.75	998.84	918.13
2008	1 504.06	1 085.22	1 283.80	1 264.84
2009	1 370.95	986.70	1 114.89	1 038.03
2010	1 391.47	984.32	1 164.81	1 152.81
2011	1 787.05	1 290.63	1 491.68	1 474.25
2012	1 990.73	1 273.84	1 621.07	1 560.49
2013	2 034.76	1 232.95	1 661.09	1 605.58
2014	2 005.87	1 422.50	1 631.30	1 589.00
2015	1 996.55	1 407.42	1 679.86	1 571.51
2016	2 193.93	1 618.13	1 861.22	1 749.84
2017	2 054.46	1 552.23	1 788.49	1 707.92

根据表5-38绘制出2004—2017年小规模饲养生猪全国平均、全国最高、全国最低和山东省饲养成本雷达图（图5-4）。

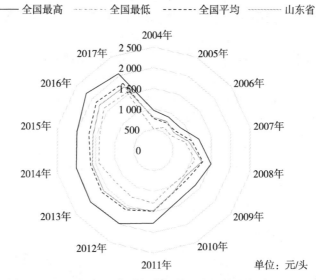

图 5-4　2004—2017 年小规模饲养生猪饲养成本雷达图

由图 5-4 中可以看出，山东省小规模饲养生猪饲养成本远低于全国最高成本，高于全国最低成本，与全国平均成本较为接近。根据表 5-38 的数据可以算出：山东省小规模饲养生猪饲养成本与全国最高成本之间的平均比值为 0.83∶1，与全国最低成本之间的平均比值为 1.10∶1，与全国平均成本之间的平均比值为 0.95∶1。可见，山东省小规模生猪饲养成本略低于全国平均水平，但是总体上与小规模饲养生猪饲养成本控制较好的省份还有一定的差距。

3. 中规模饲养生猪饲养成本比较分析

根据 2005—2018 年的《全国农产品成本效益调查资料汇编》数据，得出山东省及全国中规模饲养生猪饲养成本的相关数据（表 5-39）。

根据表 5-39 绘制出 2004—2017 年中规模饲养生猪全国平均、全国最高、全国最低和山东省饲养成本雷达图（图 5-5）。

表 5 - 39　山东省及全国中规模饲养生猪饲养成本

单位：元/头

年份	全国最高	全国最低	全国平均	山东省
2004	954. 05	573. 49	769. 02	781. 43
2005	905. 20	593. 11	749. 16	760. 33
2006	866. 80	568. 88	725. 48	686. 26
2007	1 206. 68	838. 02	1 003. 24	1 025. 94
2008	1 548. 56	1 031. 89	1 273. 04	1 218. 96
2009	1 353. 03	1 031. 90	1 130. 84	1 067. 70
2010	1 439. 21	969. 34	1 179. 65	1 117. 89
2011	1 666. 65	1 253. 72	1 465. 30	1 425. 72
2012	1 800. 50	1 376. 12	1 585. 63	1 537. 50
2013	1 983. 51	1 332. 68	1 618. 12	1 503. 47
2014	2 014. 21	1 370. 15	1 598. 88	1 514. 99
2015	1 926. 54	1 385. 88	1 600. 24	1 531. 34
2016	2 098. 45	1 566. 13	1 816. 79	1 737. 60
2017	2 072. 82	1 423. 29	1 723. 06	1 661. 20

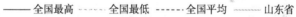

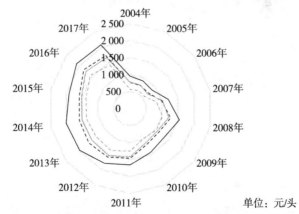

图 5 - 5　2004—2017 年中规模饲养生猪饲养成本雷达图

由图 5-5 可以看出，山东省中规模饲养生猪饲养成本远低于全国最高成本，明显高于全国最低成本，与全国平均成本较为接近。根据表 5-39 的数据可以算出：山东省中规模饲养生猪饲养成本与全国最高饲养成本之间的平均比值为 0.80∶1，与全国最低饲养成本之间的平均比值为 1.17∶1，与全国平均饲养成本之间的平均比值为 0.96∶1。可见，山东省中规模饲养生猪饲养成本略低于全国平均水平。

4. 大规模饲养生猪饲养成本比较分析

根据 2005—2018 年的《全国农产品成本效益调查资料汇编》数据，计算得出山东省及全国大规模饲养生猪饲养成本的数据（表 5-40）。

表 5-40　山东省及全国大规模饲养生猪饲养成本

单位：元/头

年份	全国最高	全国最低	全国平均	山东省
2004	999.55	585.38	774.89	764.25
2005	1 066.76	516.66	747.63	732.10
2006	922.05	498.65	739.63	726.23
2007	1 334.70	659.36	999.36	981.09
2008	1 473.58	946.77	1 234.77	1 172.31
2009	1 274.81	930.46	1 110.19	1 035.51
2010	1 340.00	901.07	1 164.57	1 087.75
2011	1 762.29	1 155.60	1 452.90	1 328.09
2012	1 688.04	1 296.12	1 555.48	1 498.41
2013	1 897.87	1 264.82	1 571.34	1 494.77
2014	1 718.07	1 249.98	1 546.06	1 482.12
2015	1 742.01	1 262.61	1 535.16	1 502.39
2016	2 057.73	1 448.68	1 752.71	1 761.33
2017	1 885.39	1 405.98	1 668.64	1 555.84

根据表 5-40 绘制出 2004—2017 年大规模饲养生猪全国平均、全国最高、全国最低和山东省饲养成本雷达图（图 5-6）。

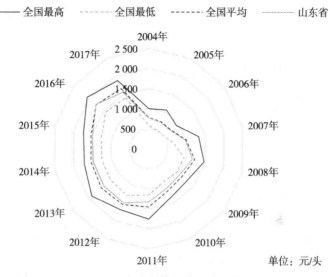

图 5 - 6　2004—2017 年大规模饲养生猪饲养成本雷达图

　　由图 5 - 6 可以看出，山东省大规模饲养生猪饲养成本远低于全国最高成本，明显高于全国最低成本，与全国平均成本较为接近。根据表 5 - 40 的数据可以算出：山东省大规模饲养生猪饲养成本与全国最高成本之间的平均比值为 0.83∶1，与全国最低成本之间的平均比值为 1.11∶1，与全国平均成本之间的平均比值为0.93∶1。可见，山东省大规模饲养生猪饲养成本略低于全国平均水平。

　　综合上述分析可以发现，山东省 4 种规模饲养生猪的饲养成本在全国所处的水平相差不大，均处于全国平均水平以下。与全国先进水平相比，尚有一定的差距，因此山东省生猪饲养成本还有较大的降低空间。需要政府在资金、信贷、技术、信息和用地等方面加大对全省生猪产业的扶持力度；通过技术咨询和职业技能培训等手段提高养猪场（户）的饲养技术和饲养管理水平，不断提高能繁母猪的产仔率和存活率；通过实施合理饲料配方和科学喂养，逐步降低饲料用量，提高生猪饲养的饲料转化率，以期降低山东省生猪饲养成本，增加生猪养殖场（户）饲养收益。

（二）山东省生猪饲养成本构成与全国平均水平的比较

为比较分析山东省生猪饲养成本构成与全国平均饲养成本间的关系，本书采用"山东省生猪饲养成本相对于全国平均饲养成本变动幅度（简称相对成本变动幅度）"这一指标来衡量。同一饲养规模下的生猪饲养相对成本变动幅度具体计算公式如下：100％×（山东省每头生猪饲养成本－全国平均每头生猪饲养成本）/全国平均每头生猪饲养成本。可见，若相对成本变动幅度为正值，说明山东省生猪饲养成本高于全国平均水平；若相对成本变动幅度为负值，则说明山东省生猪饲养成本低于全国平均水平。

根据 2005—2018 年的《全国农产品生产成本效益资料汇编》相关数据，计算得出 2004—2017 年，山东省农户散养、小规模饲养、中规模饲养和大规模饲养生猪的饲养成本及其主要构成项目的相对变动幅度，详见表 5-41、表 5-42、表 5-43 和表 5-44。

根据表 5-41、表 5-42、表 5-43 和表 5-44 中数据，对比分析山东省与全国生猪饲养成本及其主要构成项目间的数量关系，得出以下结论：

表 5-41 2004—2017 年山东省农户散养生猪的相对成本变动幅度

单位：%

年份	仔畜费用	精饲料费	医疗防疫费	死亡损失费	固定资产折旧	人工成本	饲养成本
2004	36.25	10.82	-7.00	-68.82	-12.53	-27.25	2.07
2005	28.72	7.97	-9.09	-41.62	2.58	-33.16	-0.95
2006	22.25	1.82	13.79	76.00	-10.85	-43.04	-9.85
2007	16.00	7.39	-11.71	-61.64	-5.82	-25.42	-0.26
2008	16.56	3.23	-7.82	-21.08	-8.61	-27.4	0.16
2009	-7.37	-4.71	30.80	99.58	-8.98	-41.34	-6.98
2010	40.52	-6.49	26.90	87.43	-9.32	-31.29	-3.87
2011	27.79	-8.53	13.25	35.62	3.03	-37.96	-6.17
2012	19.70	-11.30	15.61	52.69	-24.47	-32.28	-9.55

（续）

年份	仔畜费用	精饲料费	医疗防疫费	死亡损失费	固定资产折旧	人工成本	饲养成本
2013	25.27	−11.67	23.61	30.50	−22.50	−35.22	−11.14
2014	24.87	−12.41	24.78	38.59	−20.77	−31.99	−11.66
2015	27.53	−8.36	26.53	45.46	−18.99	−28.86	−7.11
2016	27.44	−12.60	40.90	62.91	−20.87	−30.33	−4.80
2017	22.63	−12.40	29.46	61.41	−21.89	−29.72	−6.73
平均值	23.44	−4.09	15.00	28.36	−12.86	−32.52	−5.49

表 5−42　2004—2017 年山东省小规模饲养生猪的相对成本变动幅度

单位：%

年份	仔畜费用	精饲料费	医疗防疫费	死亡损失费	固定资产折旧	人工成本	饲养成本
2004	36.03	4.21	8.17	26.50	−19.58	−41.42	3.16
2005	37.06	5.92	−6.19	−2.86	7.81	−38.22	5.37
2006	29.97	−9.93	2.12	33.72	−14.73	−41.24	−8.06
2007	17.96	−11.13	−8.85	−47.16	−7.44	−51.44	−8.17
2008	20.18	−9.81	25.86	−33.67	10.54	−44.69	−1.64
2009	15.88	−12.55	22.00	31.29	−4.05	−42.01	−3.60
2010	37.09	−7.82	24.04	−27.02	9.36	−36.90	−1.24
2011	26.73	−8.35	15.41	−37.46	14.21	−34.57	−1.24
2012	20.75	−10.21	8.08	−47.51	1.55	−22.54	−3.54
2013	23.19	−10.12	6.65	−39.35	−15.35	−17.63	−3.16
2014	32.37	−9.54	−4.01	−39.55	−8.75	−23.63	−2.67
2015	25.30	−15.66	−1.11	−50.38	−11.57	−20.85	−6.51
2016	13.94	−15.50	−13.10	−50.34	−14.01	−18.39	−6.02
2017	19.75	−15.95	−16.21	−50.49	−15.43	−18.00	−4.50
平均值	25.44	−9.03	4.49	−23.88	−4.82	−32.25	−2.99

表5-43　2004—2017年山东省中规模饲养生猪的相对成本变动幅度

单位：%

年份	仔畜费用	精饲料费	医疗防疫费	死亡损失费	固定资产折旧	人工成本	饲养成本
2004	29.94	−7.66	24.56	−3.54	−20.16	−19.28	1.29
2005	20.79	−3.36	10.42	−22.59	−7.40	−14.75	1.67
2006	9.54	−5.84	12.54	50.18	−10.02	−38.36	−5.39
2007	17.56	−1.73	−0.77	−29.64	24.50	−30.9	2.27
2008	8.84	−9.62	25.69	−45.25	32.06	−32.29	−4.23
2009	6.88	−9.02	17.90	−19.56	37.48	−25.18	−5.64
2010	13.11	−10.12	22.25	−44.38	25.06	−18.37	−5.22
2011	15.03	−10.47	8.73	−50.30	38.75	−11.08	−2.69
2012	20.59	−12.46	8.37	−51.82	24.98	−16.09	−2.89
2013	13.09	−15.18	3.31	−51.35	6.77	−7.45	−6.95
2014	20.80	−14.24	13.49	−37.18	6.04	−9.38	−5.21
2015	21.46	−14.57	18.64	−29.83	21.38	−14.42	−4.27
2016	13.17	−15.30	13.30	−32.39	12.69	−15.45	−4.36
2017	15.01	−13.80	−6.75	−19.04	5.13	−13.09	−3.59
平均值	16.13	−10.24	12.26	−27.62	14.09	−19.01	−3.23

表5-44　2004—2017年山东省大规模饲养生猪的相对成本变动幅度

单位：%

年份	仔畜费用	精饲料费	医疗防疫费	死亡损失费	固定资产折旧	人工成本	饲养成本
2004	14.15	−3.60	15.26	8.27	−13.46	−50.00	−1.45
2005	15.70	−5.15	10.04	1.52	−5.23	−53.11	−2.02
2006	13.25	−2.23	8.14	48.34	9.88	−54.32	−2.00
2007	−3.68	8.79	−9.07	−30.04	−45.63	−43.69	−1.71
2008	20.42	−16.6	−20.08	−21.18	−52.64	−38.60	−4.93
2009	25.59	−18.64	1.43	−4.09	−49.49	−29.95	−6.64
2010	26.17	−18.17	−2.66	2.46	−47.75	−15.07	8.41

（续）

年份	仔畜费用	精饲料费	医疗防疫费	死亡损失费	固定资产折旧	人工成本	饲养成本
2011	8.75	−15.94	−6.19	−15.46	−38.68	−24.82	−8.50
2012	30.33	−20.59	−1.47	−12.24	−40.56	−19.05	−3.57
2013	30.48	−20.07	−5.41	4.72	−23.16	−25.62	−4.76
2014	33.19	−19.27	−11.48	23.18	−34.12	−13.54	−4.05
2015	32.01	−18.40	−6.43	0.22	−20.06	−7.99	−2.03
2016	35.54	−24.45	−7.48	6.12	−42.54	−14.42	0.57
2017	31.62	−32.57	−35.08	20.08	−51.93	−11.67	−6.76
平均值	22.39	−14.78	−5.03	2.28	−32.53	−28.70	−2.82

1. 整体看山东省生猪饲养成本与全国平均水平相比具有一定的优势

从表5-41、表5-42、表5-43和表5-44可以看出，2004—2017年，山东省农户散养、小规模饲养、中规模饲养和大规模饲养生猪的相对成本变动幅度，除个别年份外均为负值。其中，农户散养生猪除2004年和2008年外均为负值，平均相对成本变动幅度为−5.49%；小规模饲养生猪除2004年和2005年外均为负值，平均相对成本变动幅度为−2.99%；中规模饲养生猪除2004年、2005年和2007年外均为负值，平均相对成本变动幅度为−3.23%；大规模饲养生猪除2010年和2016年外均为负值，平均相对成本变动幅度为−2.82%。这表明，2004—2017年间的大部分年份中，山东省各规模生猪饲养成本低于全国平均水平，具有一定的优势。

2. 山东省生猪规模饲养的精饲料费用与全国平均水平相比具有较明显的优势

从表5-42、表5-43和表5-44可以看出，2004—2017年，山东省小规模饲养、中规模饲养和大规模饲养生猪饲养成本中的精饲料费用相对成本变动幅度，除个别年份外均为负值。其中，小规模饲养生猪饲养成本中的精饲料费用相对成本变动幅度除2004年和2005年外均为负值，平均相对成本变动幅度为−9.03%；中规模饲养生猪饲养成本中的精饲料费用相对成本变动幅度均为负值，平均相对成本变动幅度为－10.24％；大规模饲养生猪饲养成本中的精饲料费用相对成本变动幅度除 2007 年外均为负值，平均相对成本变动幅度为－14.78％。可见，2004—2017 年，山东省规模饲养生猪饲养成本中的精饲料费用与全国相比，具有较明显的优势，且随着饲养规模的增加这种优势越加明显。

3. 山东省生猪饲养的人工费用与全国平均水平相比具有明显优势

从表 5-41、表 5-42、表 5-43 和表 5-44 可以看出，2004—2017 年，山东省农户散养、小规模饲养、中规模饲养和大规模饲养生猪饲养成本中的人工成本相对成本变动幅度均为负值。其中，农户散养生猪饲养成本中的人工成本平均相对成本变动幅度为－32.52％；小规模饲养生猪饲养成本中的人工费用平均相对成本变动幅度为－32.25％；中规模饲养生猪饲养成本中的人工成本平均相对成本变动幅度为－19.01％；大规模饲养生猪饲养成本中的人工成本平均相对成本变动幅度为－28.70％。可见，2004—2017 年，山东省规模饲养生猪饲养成本中的人工成本与全国相比，具有特别明显的优势。

4. 山东省生猪饲养仔畜费用明显高于全国平均水平

从表 5-41、表 5-42、表 5-43 和表 5-44 可以看出，2004—2017 年间山东省农户散养、小规模饲养、中规模饲养和大规模饲养生猪饲养成本中仔畜费用相对成本变动幅度，除了个别年份外其余年份均为正值。其中，农户散养生猪饲养成本中仔畜费用相对成本变动幅度除 2009 年外均为正值，平均相对成本变动幅度为 23.44％；小规模饲养生猪饲养成本中的仔畜费用相对成本变动幅度均为正值，平均相对成本变动幅度为 25.44％；中规模饲养生猪饲养成本中的仔畜费用相对成本变动幅度均为正值，平均相对成本变动幅度为 16.13％；大规模饲养生猪饲养成本中的仔畜费用相对成本变动幅度除 2007 年外均为正值，平均相对成本变动幅度为 22.39％。可见，2004—2017 年，山东省规模饲养生猪饲养成本中的仔畜费用与全国相比明显高于全国平均水平。

5. 山东省生猪饲养的医疗防疫费高于全国平均水平

从表 5 - 41、表 5 - 42 和表 5 - 43 可以看出，2004—2017 年山东省农户散养、小规模饲养和中规模饲养生猪饲养成本中医疗防疫费相对成本变动幅度，除了个别年份外均为正值。其中，农户散养生猪饲养成本中的医疗防疫费相对成本变动幅度除了 2004 年、2005 年、2007 年和 2008 年外其余年份为正值，平均相对变动幅度为 15.00％；小规模饲养生猪饲养成本中的医疗防疫费相对成本变动幅度除了 2005 年、2007 年、2014 年、2015 年、2016 年和 2107 年外其余年份均为正值，平均相对成本变动幅度为 4.49％；中规模饲养生猪饲养成本中的医疗防疫费相对成本变动幅度除了 2007 年和 2017 年外其余年份均为正值，平均相对成本变动幅度为 12.26％。可见，2004—2017 年，山东省规模饲养生猪饲养成本中的医疗防疫费与全国相比明显高于全国平均水平。

（三）山东省生猪饲养成本项目与全国差异的原因分析

山东省位于我国东部地区，与其他省份在物价水平、自然条件及养殖技术等方面存在差异，这些差异都是造成山东省与其他省份间生产成本差异产生的原因。

1. 经济条件不同

山东省地处中国东部沿海、黄河下游、京杭大运河的中北段，是沿黄河经济带与环渤海经济区的交汇点、华北地区与华东地区的接合部，拥有良好的经济条件。2018 年，山东省实现财政收入 6 585.4 亿元，较高的财政收入为山东省各级政府扶持生猪产业的发展提供了充足的资金支持，直接有利于山东省生猪产业扶持政策的贯彻和落实，进而促进生猪产业的持续健康发展。

较高的经济发展水平改善了居民的生活，带动了消费水平的提高。而中西部省份由于资源禀赋和地理位置的原因，经济发展速度慢，物价水平、用工成本低于山东省，物价水平的差异反映到生猪饲养过程中，体现在饲养生猪所耗费的部分物质成本和人工成本低于山东省，从而引起山东省与中西部生猪饲养成本的差异。

2. 自然条件不同

山东省位于东经 114°—122°、北纬 34°—38°，气候温和，属于暖温带季风气候，年平均气温 11～14℃，无霜期一般为 180～220 天，具有良好的生猪生长所需的光照、温度、湿度和通风条件。全省地理区位上毗邻韩国、日本等地，与京津沪相邻；公路密度 1.488 千米/千米^2，居全国第二位，铁路密度为 0.026 61 千米/千米^2，居全国前十位；沿海港口 7 处，内河港口泊位近 300 个。优越的地理位置和发达的交通运输条件为全省生猪饲养提供了良好的国内外市场空间和物流条件。而且山东省是全国第二人口大省，为生猪饲养业提供了大量低成本劳动力，具有用工优势。

山东省不仅地理位置优越，还拥有适宜的自然生态环境和丰富的饲草饲料资源。而中西部地区的自然条件不利于作为饲料的玉米、大豆等农作物的生长，大部分需要从外省买进，而山东省本身是产粮大省，且与我国粮食主产区东北地区较近，无论是自己供应或从外省购进饲料都比中西部地区便利，减少了饲料长途运输的成本。所以，占饲养成本比重较大的精饲料费的差异是造成生产成本差异的重要原因。

3. 养殖品种、技术不同

近年来，随着科学技术的不断进步，贯穿于山东省生猪饲养、生猪屠宰加工和猪肉销售等环节的相关技术水平不断提高。如 BLUP 生猪良种培育技术和人工授精技术、安全绿色环保的发酵床生态养猪技术等，为稳定生猪生产、提升生猪产业结构提供了技术支撑。但这些较为先进的技术并不普及，只有规模较大、资金充足的大型养殖场有能力运用。

山东省生猪饲养规模化程度不同，养殖技术也参差不齐。中、小规模养殖户是山东省主要的生猪养殖群体，与传统的养殖大省如江苏、河北相比，山东生猪的繁育体系不够完善和健全，生猪养殖技术也有所不及。

4. 生态环境不同

生猪饲养业对环境的污染已经成为不可忽视的生态和环境保护

问题。现代生猪饲养业规模大，集约化程度度高，粪便及污水产排量大。一个万头猪场日产鲜粪约 8 吨、污水约 26 吨，对周围的水体、空气和土壤等环境污染严重，引起人们的日益重视。在提倡节能减排、建设环境友好型社会的当今时代，这对生猪饲养业尤其是规模化生猪饲养提出了更高的环保要求，广大养猪场（户）将面临更大的环保压力。

随着生态文明社会倡导和生猪防疫知识的传播普及，山东省畜牧业养殖的环境治理和基层生猪防疫逐步受到山东省畜牧兽医等部门以及生猪养殖场（户）的重视，在生猪养殖过程中的医疗防疫投入逐年增加，生态环境整治效果良好。但山东省畜牧兽医及卫生防疫部门仍需进一步加大生猪疾病防治等方面的科研投入，让更多的生猪养殖场（户）了解到先进的饲养管理和医疗防疫技术，真正实现科学养殖、降低成本、增产增收。

五、生猪饲养成本的影响因素分析

由于农户散养、小规模饲养、中规模饲养和大规模饲养生猪的饲养成本构成相同，且所处的市场、政策环境相同，因此 4 种规模饲养生猪饲养成本呈现同步上升或同步下降趋势。对生猪饲养成本的影响因素的准确分析是生猪养殖过程中有效进行饲养成本费用管理的前提。

（一）仔畜费用和精饲料费是影响生猪饲养成本的最主要因素

从山东省 2004—2017 年不同规模饲养生猪的饲养成本及其构成数据可以发现，仔畜费用和精饲料费是造成饲养生猪饲养成本变动的最主要因素。

究其原因，生猪饲养投入的仔畜费用和精饲料费占各规模饲养生猪饲养成本的比重大，是存栏期间生猪饲养最主要的两项成本支出，而仔畜价格和精饲料价格不稳定，导致生猪饲养成本不断变动。具体而言，生猪饲养经常受到流感、蓝耳病等生猪疫病和低温灾害等自然因素影响，生猪养殖场（户）补栏积极性受挫，生猪存栏及能繁母猪数量持续减少，使生猪存栏量降到正常水平以下，导致各地猪源紧张，全省仔畜费用大幅上涨。仔畜价格的居高不下，致使生猪饲养成本持续上升。同时，由于疫病期生猪及种猪存栏量下降，多种因素共同作用导致包括山东在内的全国各地生猪价格出现快速上升。生猪价格的不断上涨极大地激发了农民的养猪积极性，生猪饲养规模不断扩大，供过于求的局面日渐形成，又会导致生猪价格逐渐下降。

与此同时，近些年受粮食价格变动影响，玉米等主要精饲料原料的价格一直变动较大，且替代品不丰富，造成精饲料费大幅变动，使得全省生猪养殖面临较大成本压力。

（二）农户散养的仔畜费用较低而大规模饲养的仔畜费用较高

通过对比 2004—2017 年山东省不同规模生猪饲养的仔畜费用发现，大规模饲养生猪的仔畜费用高于农户散养生猪投入的仔畜费用。这可能是因为散养户为了降低成本，所购买的仔猪以价格较低的当地土杂猪为主，而规模户所购买的或者自繁的都是优质猪种，主要是内三元和外三元，品质较好，有利于提高瘦肉率、缩短养殖周期，但价格较高。由此导致农户散养生猪与大规模饲养生猪在仔畜费用方面存在一定差距。

（三）目前不同饲养规模的人工成本随着规模的增大呈现递减趋势

随着生猪饲养规模的增大，分摊到每头生猪上的人工成本逐渐减小，充分体现了规模化养殖的优势——规模化养殖能够充分发挥经营杠杆的作用。规模化的生猪饲养模式使劳动力生产要素配置趋向合理。从而实现在充分利用剩余及边际劳动力的同时，实现降低单位生猪的人工成本，提高生猪饲养收益。这也是规模饲养生猪的物质费用明显高于农户散养而总成本却比农户散养低的本质原因。

第六章　山东省小规模饲养生猪饲养成本势态研究

　　山东省人口众多，2017年山东省农业人口占总人口的72％以上，生猪养殖户的饲养数量一直居全国前列。近几年来由于国家政策支持和政府对生猪饲养业环保要求的提升，山东省内各个县市绝大多数的生猪散养户已经发展过渡为小规模生猪养殖户，使得小规模生猪养殖户成为山东省农村地区分布范围最广的规模饲养群体。小规模生猪养殖户普遍具有生猪饲养投入资金量少、科学养殖意识薄弱、使用新技术能力较低、生猪主要产品销售渠道窄、对猪肉市场价格的波动更为敏感、抵御外界风险能力较差的特点。因此降低生猪饲养成本对小规模生猪养殖户来说显得更为重要。

　　本部分所用的临沂S养殖户实地调研中所获取的所有成本数据均起始于2007年，截至2016年。为保证山东省小规模饲养生猪成本数据与实地调研的一致性与可比性，本部分重点选取2007—2016年小规模饲养生猪成本数据，对山东省小规模饲养生猪饲养成本态势进行进一步研究，并对实地调研情况进行探讨，以S养殖户为例，具体分析山东省小规模饲养生猪饲养成本的变动趋势与影响因素。

一、山东省小规模生猪养殖户的生产概况

　　生猪饲养业是我国畜牧业的支柱产业。小规模饲养生猪是山东省重要的生猪养殖模式，但小规模饲养生猪存在产业组织体系不够完善、养殖户在实际养殖过程中缺乏现代畜牧科技的配合、政府调控和监督力度不足等缺陷。为进一步了解山东省小规模饲养生猪的具体情况，现对山东省小规模生猪养殖户的生产概况进行基本介绍。

（一）山东省小规模饲养生猪的主要品种

山东省小规模饲养生猪的养殖品种与其他饲养规模的养殖品种基本一致，品种比较丰富，其中主要品种有长白杜洛克猪和大约克夏猪，主要杂交品种以土二元、内三元和外三元为主，地方性特色品种有莱芜黑猪和沂蒙黑猪等。生猪小规模养殖户饲养的品种主要以杂交的二元猪和三元猪为主，有少许养殖户同时饲养少量地方黑猪。

（二）山东省小规模饲养生猪的整体布局

小规模饲养生猪在山东省畜牧业的发展中有着不可忽视的地位。在山东省内 17 地市小规模生猪养殖户分布区域非常广泛，其中最主要涉及临沂市、菏泽市、青岛市和淄博市等养猪大市，这些地市依托它们当地的优势资源，将生猪饲养业作为传统的优势农业项目，每市每年的生猪出栏量都能达到数百万头，其中约 1/5 来自小规模生猪养殖户。

山东省小规模饲养生猪的布局整体上出现地区性集聚的现象，例如特点最为鲜明的临沂市和青岛市。临沭县、费县、平邑县、莱西市、胶州市均是小规模生猪养殖户的分布密集区域，它们都是依靠当地良好的农业发展环境，例如地势平坦、水源充足、气候适宜，再加上农业人口众多，传统饲养业发展良好，各地区原有的资金充足、技术水平高的规模化养殖场逐渐扩大规模，大部分散养户也逐渐向规模化养殖靠拢，将自己的小型养殖场向规模化改进，使得这些地区整体生猪饲养规模化程度高、密度大，地区性集聚特点更为突出。

（三）山东省小规模饲养生猪的发展情况

山东省是我国东部地区生猪饲养的主要省份之一，近 10 年每年的生猪存栏总量和出栏总量均位于全国前五位。2000 年以前，山东省的生猪饲养主要以农户散养为主，各个农村生猪散养户分布零散，生猪出栏量和猪肉产量一直处于相对较低的状态。2000 年后，人们对猪肉和猪肉制品的消费快速增加，国家相关部门支持生猪规模饲养政策逐渐推广，环保部门对生猪饲养业环境保护要求也不断提高，山东省内的大部分生猪散养农户逐渐向生猪规模化饲养过渡。

经过近十几年的转型、过渡，山东省大部分的生猪散养农户已经发展过渡为小规模生猪养殖户，使得小规模生猪养殖户成为现在山东省农村地区分布范围最广、数量最多的规模饲养群体，农户小规模饲养生猪每年的总出栏量占全省总出栏量的 20％以上。截至2016 年底，山东省小规模生猪养殖户约为 834 610 户，占山东省全部生猪养殖场数量的 80.60％，由此可见，山东省小规模饲养生猪发展迅速，小规模生猪养殖户是山东地区重要的生猪饲养群体。

二、小规模生猪养殖户饲养成本变动趋势分析

近 10 年，山东省小规模生猪养殖户占全部规模养殖户的比例逐年增加，但是猪肉价格伴随着"猪周期"在持续波动，当猪肉价格下降的时候，小规模生猪养殖户是最容易受到影响的群体，因为它们作为相对弱小的集体，在资金投入量和抵抗外部价格风险能力方面较中大规模的养殖场相对低下。所以，小规模生猪养殖户在饲养过程中如何更好地控制生猪饲养成本，对于提高山东省小规模生猪养殖户的饲养效益和保持山东省小规模饲养生猪持续稳定发展来说具有重要的意义。

根据 2008—2017 年的《全国农产品成本收益资料汇编》的统计数据资料，可以计算出山东省 2007—2016 年小规模生猪养殖户饲养成本，如表 6-1 所示。

表 6-1　2007—2016 年山东省小规模饲养生猪饲养成本

单位：元/头

项目	2007 年	2008 年	2009 年	2010 年	2011 年	2012 年	2013 年	2014 年	2015 年	2016 年
饲养成本	918.13	1 264.84	1 038.03	1 152.81	1 474.25	1 563.69	1 608.64	1 589.0	1 571.51	1 749.84

利用表 6-1 的数据绘制山东省 2007—2016 年小规模生猪养殖户生猪饲养成本的数据变化趋势图，如图 6-1 所示。

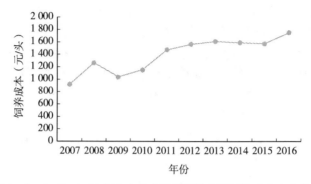

图 6-1　2007—2016 年山东省小规模饲养生猪饲养成本变化趋势

由图 6-1 山东省小规模饲养生猪饲养成本的数据变动趋势可以看出，近 10 年来小规模生猪养殖户的饲养成本整体呈波动上升趋势，整体上升幅度较大。2007 年山东省小规模生猪养殖户的饲养成本为 918.13 元/头，2008 年饲养成本达到了 1 264.84 元/头，2008 年比 2007 年上涨 37.74%，从变化趋势图中也可以很直观地看出，2007—2008 年饲养成本的上升幅度非常大。2009 年山东省小规模生猪养殖户的饲养成本出现大幅下跌，下跌幅度达到 17.93%，饲养成本下跌至 1 038.03 元/头。2009 年以后的 4 年里饲养成本逐年上升，其中上升幅度最大为 2011 年，2011 年山东省小规模饲养生猪饲养成本为 1 474.25 元/头，较 2010 年上涨了 27.88%，2014 年和 2015 年较 2013 年数值有轻微下降，但总体下降幅度不大，仅有不到 1% 的下落，山东省小规模饲养生猪的饲养成本在 2016 年达到近 10 年最高值，为 1 749.84 元/头。

总体来说，2007—2016 年山东省小规模生猪养殖户的饲养成本呈波动上升趋势，2016 年的饲养成本为 2007 年饲养成本的 1.91 倍，这也是近年来随着我国经济的不断增长、各种成本和费用同步上涨的具体体现。通过对以上饲养成本的变动数据分析可以得出山东省小规模生猪养殖户饲养成本的两个特点：①伴随社会整体物价水平的波动，总成本波动幅度较大，这和长期存在的生猪供需矛盾有关；②除特别年份外，总成本的上升趋势明显，而呈现这个趋势的原因与人们收入水平、经济社会的快速发展和通货膨胀有着密切的关系。

三、小规模饲养生猪成本项目变动分析

生猪饲养成本组成项目众多，研究中无法将全部成本项目列出进行分析。生猪的仔畜成本和饲料费是生猪饲养过程中占总成本比重最大的两个部分，分别占总成本的 35％以上，是最重要的生猪饲养成本项目，人工成本和土地成本是养殖过程中重要的支出，并且随着近些年经济的发展，两者的地位在生猪饲养业中进一步凸显，而在实际饲养周期中，医疗防疫费、死亡损失费和燃料动力费伴随整个生猪饲养周期，因此在本部分研究中选取了生猪饲养成本数据代表性强的仔畜成本、饲料费、人工成本、医疗防疫费、死亡损失费、土地成本和燃料动力费进行分析。

（一）仔畜成本的变动趋势分析

生猪饲养的仔畜成本在本书中特指小规模生猪养殖户饲养期间外购断奶生猪费用，或自繁自育仔畜整个过程中耗费的所有成本费用的总和。根据 2008—2017 年的《全国农产品成本收益资料汇编》的统计数据，绘制山东省 2007—2016 年小规模生猪养殖户生猪饲养的仔畜成本的变化趋势图（图 6-2）。

由图 6-2 山东省小规模生猪养殖户仔畜成本的变动趋势可以看出，近 10 年来山东省小规模生猪养殖户的仔畜成本波动上升、波动幅度较大，且整体波动趋势与饲养成本波动趋势大体一致。2007 年山东省小规模饲养生猪的仔畜成本为 373.85 元/头，2008 年比 2007 年上涨 52.72％，高达 570.95 元/头，2009 年山东省小规模饲养生猪的仔畜成本大幅度下降，较 2008 年暴跌 38.92％，下跌至 348.76 元/头，从折线图中也可以很清晰地看出，在

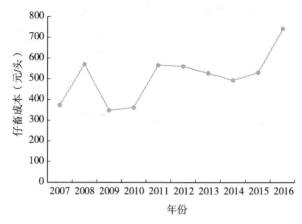

图 6-2　2007—2016 年山东省小规模饲养生猪仔畜成本变动趋势

2007—2009 年，仔畜成本的变动幅度非常大，经历了少见的暴涨和暴跌。仔畜成本在 2009 年以后的 2 年里逐年上升，其中上升幅度较大的为 2011 年，2011 年山东省小规模饲养生猪的仔畜成本为 566.90 元/头，较 2010 年上涨了 56.44%。2011—2014 年逐年下降，但下降的波动幅度不大，整体仔畜成本稳定在每头 500 元左右，波动幅度也控制在 10% 以内。2016 年仔畜成本达到近 10 年最高值，高达 742.25 元/头，是 10 年前的 1.99 倍。

　　通过对上述山东省小规模生猪养殖户的仔畜成本变动的分析，可以发现以下两方面的特点：①山东省小规模生猪养殖户的仔畜成本在一些年份出现剧烈的波动，包括仔畜成本的上升和下降。在仔畜成本方面体现出这样的特点主要是由于小规模饲养农户矛盾的心理预期导致的，例如当某年仔畜成本达到一个很高的价格，农户由于购买外部的仔畜而花费较高的成本，从而直接影响农户的整体饲养收益，在下一个饲养周期农户就会更加注重选择自己饲养母猪进行仔畜繁育，以此来降低下一年度的支出，而大量的农户抱有自繁自育的心理，就会导致下一年度市场上有过剩的仔畜，市场供需不平衡，出现了第二年仔畜价格较上一年度暴跌的现象。②仔畜成本的波动趋势并无规律可循，仔畜成本的上升和下降并没有表现出一

个明显的周期现象，和市场大环境的影响密不可分，这也给小规模
生猪养殖户在控制占饲养成本比例较大的仔畜成本方面增加了不少
的难度。

（二）饲料费的变动趋势分析

生猪饲养的饲料费是小规模生猪养殖户饲养期间生猪从入栏到
出栏所消耗精饲料和青粗饲料费用的总和。由于 2013 年以后，山东
省小规模生猪养殖户在《全国农产品成本收益资料汇编》记载的统
计数据中不再使用青粗饲料费这一项目，所以本书将精饲料费和青
粗饲料费统一整合为饲料费项目进行分析研究。根据 2008—2017 年
的《全国农产品成本收益资料汇编》统计数据，绘制山东省 2007—
2016 年小规模生猪养殖户生猪饲料费的变化趋势图（图 6-3）。

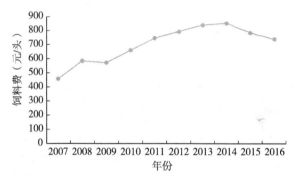

图 6-3 2007—2016 年山东省小规模饲养生猪饲料费变动趋势

由图 6-3 山东省小规模生猪养殖户饲料费的变化趋势可以看
出，近 10 年来山东省小规模生猪养殖户的饲料费总体上呈上升趋
势，仅 2009 年、2015 年和 2016 年较上年有轻微的下降，分别比
上年下降 1.80％、8.04％和 5.58％。2007 年山东省小规模生猪饲
养的饲料费为 458.99 元/头，2016 年达到了 739.73 元/头，10 年
间山东省小规模生猪饲养户的饲料费增长了 1.61 倍。

通过上述对山东省小规模生猪养殖户饲料费的变动分析，可以
发现 2 个特点：①山东省小规模生猪养殖户的饲料费用整体表现出

稳定的上升趋势；②整体饲料费波动幅度小，没有大幅度的暴涨或暴跌。原因是地处东部沿海的山东省不仅是我国生猪饲养大省，也是我国传统的农业大省，主要农作物有小麦、玉米、大豆等，而这些农作物恰好是生猪饲料的主要来源，所以山东省小规模生猪养殖户在饲料费控制方面有独特的优势，这也使得山东省小规模生猪养殖户的饲料费用在常年稳步保持上升趋势的情况下并没有大幅度波动，对山东省小规模生猪养殖户把控饲料成本有较好的保障。

（三）人工成本的变动趋势分析

生猪饲养的人工成本是小规模生猪养殖户饲养期间雇工所花费的成本总和，或者养殖户自己投入生产的劳动力数量按当地雇用劳动力的平均价格水平的折价，根据 2008—2017 年的《全国农产品成本收益资料汇编》的统计数据，绘制山东省 2007—2016 年小规模生猪养殖户生猪饲养的人工成本的变化趋势图，如图 6-4 所示。

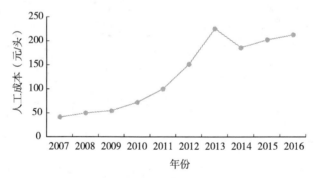

图 6-4　2007—2016 年山东省小规模饲养生猪人工成本变动趋势

由图 6-4 山东省小规模饲养生猪人工成本的变化趋势可以看出，近 10 年来山东省小规模生猪养殖户的人工成本整体上呈上升趋势。2007 年山东省小规模生猪养殖户的人工成本为 41.57 元/头，2008 年出现回升，涨幅达 19.73%。2009—2016 年，人工成本持续上升，且上升幅度较大，平均每年增长 21% 以上，2016 年人工成本达到 213.38 元/头，2016 年山东省小规模生猪养殖户的人工成本是 2007 年的 5.13 倍。

上述山东省小规模生猪养殖户的人工成本变动趋势的分析表明，总体来说 2007—2016 年山东省小规模生猪养殖户的人工成本呈现上升趋势，这和近年来我国劳动力价格的上涨有密不可分的关系。通过分析可以得出山东省小规模生猪养殖户人工成本变动的最大特点：随着我国人口结构的逐渐变化，我国的老龄化现象日益凸显，可提供劳动力的人口大量减少，需要消费劳动力的人口逐渐增多，使得劳动力价格逐步升高，而且劳动力价格上升的趋势在近些年难有改观。人工成本是小规模生猪养殖户在生产过程中不可避免的支出，所以在劳动力价格逐年上升的社会背景下，人工成本对小规模生猪养殖户的成本变动会产生相对较大的影响。

(四) 医疗防疫费和死亡损失费的变动趋势分析

生猪饲养的医疗防疫费是小规模生猪养殖户饲养期间对育肥猪注射防疫针、治疗疫病和猪舍消毒防疫等费用的总和；死亡损失费则是根据饲养过程中生猪死亡而摊销到所有当年出栏生猪的成本。根据 2008—2017 年的《全国农产品成本收益资料汇编》的统计数据，绘制山东省 2007—2016 年小规模生猪养殖户生猪饲养的医疗防疫费和死亡损失费变化趋势图，如图 6-5 所示。

由图 6-5 山东省小规模生猪养殖户饲养生猪的医疗防疫费和死亡损失费的变动趋势可以看出，近 10 年来山东省小规模生猪养殖户的医疗防疫费波动发展，有升也有降，但是总体上还是呈现平稳发展的趋势。2007 年山东省小规模饲养生猪的医疗防疫费为 12.67 元/头，2008 年比 2007 年上涨了 44.44%，达到了 18.3 元/头。2008—2013 年山东省小规模饲养生猪的医疗防疫费趋于平稳发展，变动幅度不大，每年基本控制在 5% 以内。2014 年又出现较为明显的下降，为 16.26 元/头，较 2013 年下降了 11.82%。而山东省小规模饲养生猪的死亡损失费近 10 年出现了较为明显的波动，由图 6-5 可以看出其中最明显的两个阶段为 2008—2009 年和 2009—2010 年。2008 年死亡损失费为 9.20 元/头，2009 年上升到

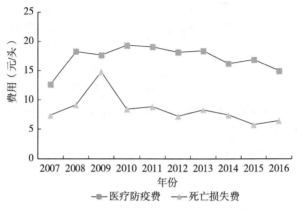

图 6-5 2007—2016 年山东省小规模饲养生猪
医疗防疫费和死亡损失费变动趋势

14.81 元/头，上升幅度达 60.98%。而 2010 年死亡损失费为 8.48
元/头，比 2009 年又出现了较为明显的下降，下降幅度高达
42.74%。2010 年后死亡损失费呈现平稳下降的趋势，到 2015 年
达到 5.84 元/头，为近 10 年最小值。

通过上述对山东省小规模生猪养殖户的医疗防疫费和死亡损失
费的变动分析，可以看出 2 个特点：①个别年份波动很大且总体没
有规律，这是因为当年生猪养殖出现了较为广泛的疫病所导致的医
疗防疫费和死亡损失费的骤增；②除了特殊年份外，近几年山东省
小规模生猪养殖户的医疗防疫费和死亡损失费呈现平稳发展且略有
下降的趋势。导致这个现象的原因可能是小规模生猪养殖户的整体
防疫意识水平和科学技术的运用较以前都有相对提高，这对小规模
饲养农户降低生猪饲养成本有一定的积极推动作用。

（五）土地成本和燃料动力费的变动趋势分析

生猪饲养的土地成本是小规模生猪养殖户为饲养生猪所租用土
地的租金，或养殖户自己场地按市场公允价值租用的折算成本；燃
料动力费则是根据饲养过程中所耗费的燃料和能源均摊到当年每一

头出栏育肥猪的成本。根据 2008—2017 年的《全国农产品成本收益资料汇编》的统计数据，绘制山东省 2007—2016 年小规模生猪养殖户的土地成本和燃料动力费的变化趋势图，如图 6 - 6 所示。

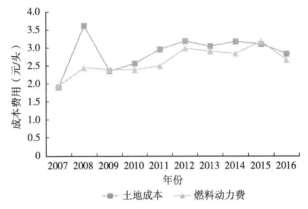

图 6 - 6　2007—2016 年山东省小规模饲养生猪土地成本和燃料动力费变动趋势

　　根据图 6 - 6 山东省小规模生猪养殖户土地成本和燃料动力费的变动趋势可以看出，2007 年山东省小规模生猪养殖户的土地成本为 1.93 元/头，2008 年比 2007 年上涨 88.08%，增长到 3.63 元/头，达到近 10 年的最高值。2009 年山东省小规模生猪养殖户的土地成本大幅度下降，2009 年较 2008 年下降了 34.71%，下跌至 2.37 元/头，从折线图中也可以很清晰地看出，在 2007—2009 年 3 年中，土地成本的变动幅度非常大。2009—2012 年，山东省小规模饲养生猪的土地成本呈现逐年上升趋势。2012 年后小规模饲养生猪土地成本整体呈波动上升趋势，2016 年达到 2.85 元/头，变动幅度较 2009 年之前相对平稳。此外，山东省小规模生猪养殖户的燃料动力费用整体呈现上升趋势，2007 年为 1.96 元/头，2008 年有所上升，上升幅度为 25.51%。2008—2011 年持续平稳发展，升降幅度很小，2011 年后又开始上升，到 2015 年已上升到 3.19 元/头，为近 10 年最高值，较 2007 年燃料动力费的最低值上涨幅度高达 62.76%。

通过对上述山东省小规模生猪养殖户的土地成本和燃料动力费的变动分析，可以得出 2 个特点：①两者总体均呈现上升趋势，随着可供使用土地和化石能源的减少，小规模生猪养殖户的土地成本和燃料动力费不断增加，并在未来数年依旧会呈现上升趋势；②两者价格相对较低，在生猪饲养成本中所占比例较小，所以剧烈的波动并没有对生猪饲养总成本产生决定性影响。

（六）小结

通过阐述山东省小规模生猪养殖户的生产经营现状、饲养品种和饲养布局，分析了山东省小规模生猪养殖户的饲养成本和主要成本构成项目的变动趋势，总结了导致山东省小规模生猪养殖户饲养成本变动的可能因素。主要从饲养品种和饲养布局两个方面描述山东省小规模饲养生猪的现状，体现出山东省生猪养殖的真实状况。挑选了山东省小规模生猪养殖户的饲养成本、仔畜成本、饲料费、人工成本、医疗防疫费、死亡损失费、土地成本和燃料动力费等最近 10 年的数据变动趋势，讨论分析导致各个组成部分变化可能的原因。研究发现，除了死亡损失费之外，其他各成本主要构成项目近年来均呈现上升趋势，这与社会发展、物价上涨等因素有密切的关系，而随着科学技术的进步，医疗卫生条件的改善使得生猪死亡率稍有下降。

经过本部分的研究，基本掌握了山东省小规模饲养生猪的基本情况和发展趋势，发现了山东省小规模饲养生猪在成本项目构成上的特点，把握近 10 年主要成本项目的变动趋势，初步分析和总结导致成本变动的原因，为下文将山东省与相邻省份生猪饲养成本的统计数据和全国数据平均值进行对比奠定了基础。

四、山东省小规模饲养生猪饲养成本与相邻省份数据的比较分析

近 10 年山东省每年生猪饲养存栏量和出栏量虽然均位居全国前

五位，但是在小规模饲养生猪饲养成本控制方面，山东省较其他一些在小规模饲养生猪方面发展早、基础好的省份还有一定的差距。

因此本书挑选了与山东省的地理位置、市场环境和季节气候等各方面外部环境都很接近、在小规模饲养生猪方面发展较好的河北省和江苏省2个省份，以及全国小规模生猪养殖户饲养成本的全国统计数据的平均值进行比较分析，通过对比发现山东省与其他地区的差异，展现出山东省小规模生猪养殖户在饲养成本方面的真实情况，为山东省小规模生猪养殖户找出饲养成本居高不下的原因并进一步控制生猪饲养成本、提高养殖户的效益提供参考。

（一）饲养成本的变动趋势比较分析

根据2008—2017年的《全国农产品成本收益资料汇编》的统计数据，绘制2007—2016年山东省、河北省、江苏省和全国平均的小规模生猪养殖户生猪饲养成本的柱状图，如图6-7所示。由柱状图可以看出，小规模饲养生猪饲养成本除了2009年等个别年份有轻微下降外，苏鲁冀3省和全国平均值近10年的发展势头基本上是逐年升高的。

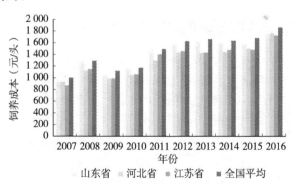

图6-7　2007—2016年山东、河北、江苏和全国平均
小规模饲养生猪的饲养成本

2007年山东、河北、江苏和全国平均小规模生猪养殖户的饲养成本分别为918.13元/头、925.42元/头、863.26元/头和998.84

元/头，均为近 10 年最低值。2007—2008 年，4 项数值均呈现稳定上升势头，随后 2009 年出现了下降的趋势，2008 年山东、河北、江苏和全国的饲养成本都为 2007—2010 年的最高，分别为 1 264.84 元/头、1 121.61 元/头、1 144.21 元/头和 1 283.80 元/头，较 2007 年的涨幅分别为 37.76％、21.20％、32.55％ 和 28.53％。2011—2015 年饲养成本波动不大，呈稳定上升趋势，2016 年饲养成本上升较为明显，山东省为 1 749.84 元/头，全国平均值为 1 861.22 元/头，河北省为 1 762.17 元/头，江苏省为 1 718.62 元/头，苏鲁冀 3 省和全国平均值均为近 10 年最高值。

从上述分析可以看出，除 2007 年和 2016 年山东省小规模生猪养殖户的饲养成本略低于河北省的饲养成本以外，其他年份均是山东省的饲养成本高于河北省和江苏省，而且有的年份高出很多，说明山东省在小规模饲养生猪饲养成本方面较河北、江苏等周边省份还有一定的差距。和全国饲养成本平均值相比较，除 2011 年和 2014 年两者差距比较小以外，山东省饲养成本近 10 年均低于全国平均值，所以山东省在全国范围来看，小规模生猪养殖户的饲养成本具有一定优势，但整体优势并不明显。

（二）主要成本项目的变动趋势比较分析

本部分研究选择生猪饲养的仔畜成本、饲料费、人工成本、医疗防疫费、死亡损失费和燃料动力费 6 个主要成本构成项目，就山东省与河北省、江苏省、全国平均值进行对比分析。

1. 仔畜成本的比较

根据 2008—2017 年的《全国农产品成本收益资料汇编》的统计数据，绘制 2007—2016 年山东省、河北省、江苏省和全国平均的小规模饲养生猪的仔畜成本的柱状图，如图 6-8 所示。由柱状图可以看出，小规模生猪养殖户的仔畜成本除 2008 年、2011 年和 2016 年波动幅度较大以外，总体苏鲁冀 3 省和全国平均值均在平稳地波动上升。

2007 年山东省小规模生猪养殖户的仔畜成本为 373.85 元/头，

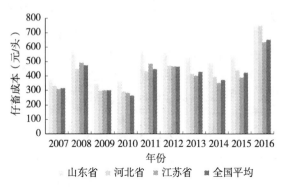

图 6 - 8　2007—2016 年山东、河北、江苏和全国
平均小规模饲养生猪的仔畜成本

河北省和江苏省低于山东省，分别为 330.19 元/头和 310.71 元/头，而全国平均值略高于江苏省，为 316.94 元/头。2007—2009 年，全国小规模饲养生猪仔畜成本波动很大，经历了一个快速上升期和一个快速下降期，2008 年山东、河北、江苏和全国平均值上升到 570.95 元/头、450.34 元/头、494.28 元/头和 475.09 元/头，到 2010 年又分别下降到了 362.37 元/头、293.61 元/头、282.51 元/头和 264.33 元/头。2011 年后，仔畜成本上升且价格相对 2011 年前稳定，整体仔畜成本处于一个比较高的位置，但波动较小。2015 年山东、河北、江苏和全国平均值较 2014 年又有比较明显的上升，2016 年达到苏鲁冀 3 省和全国平均值最大值，2016 年苏鲁冀 3 省和全国的仔畜成本分别为 2007 年的 1.99 倍、2.26 倍、2.05 倍和 2.06 倍。

从上述分析可以看出，苏鲁冀 3 省和全国平均的小规模生猪养殖户的仔畜成本变动趋势总体是类似的，在各省的仔畜成本波动剧烈时，全国的平均值也剧烈波动，当各省仔畜成本波动较小时，全国平均值也相对平稳。仔畜成本 2007—2008 年的剧烈上升和 2008—2010 年的剧烈下降，与小规模生猪养殖户错误的心里预期有密切关系，农户的判断与市场的供应量产生了较大的差异导致仔畜成本的骤升和骤降。2007—2015 年，山东省小规模生猪养殖户的仔畜成本大多高于河北省和江苏省，也高于全国平均值，说明苏、冀地区相比于山东省在仔畜成本方面具有相对的优势，苏、冀2省作为我国传统的养猪大省，生猪的繁育体系更加完善、健全。而仔畜成本作为生猪饲养成本的最重要组成项目之一，山东省在控制生猪饲养成本尤其是降低仔畜成本方面仍需继续改善。

2. 饲料费的比较

根据 2008—2017 年的《全国农产品成本收益资料汇编》的统计数据，绘制 2007—2016 年山东省、河北省、江苏省和全国平均的小规模生猪养殖户饲养生猪的饲料费的柱状图，如图 6‐9 所示。由柱状图可以看出，苏鲁冀 3 省和全国平均的小规模生猪养殖户的饲料费除个别年份有轻微下降外，整体发展趋势为稳定上升，波动幅度不大。

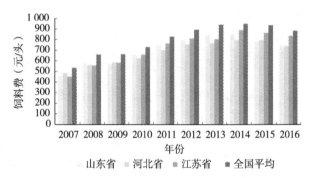

图 6‐9　2007—2016 年山东、河北、江苏和全国平均
小规模饲养生猪的饲料费

由图 6‐9 可以清晰看出，整体上山东、河北、江苏 3 省小规模饲养生猪的饲料费均低于全国平均值，其中河北省在大多数年份饲料费最低，其次是山东省，最后是江苏省。2007—2016 年整体上呈现上升态势，山东省、河北省、江苏省和全国平均值 10 年间涨幅分别为 61.16％、52.76％、84.67％和 64.81％，涨幅最小的为河北省。2016 年较 2015 年小规模饲养生猪的饲料费各省和全国平均值均有不同程度的下降，但总体下降幅度很小。

从上述分析可以看出，2007—2016 年苏鲁冀 3 省的小规模生猪养殖户的饲料费变动趋势和全国平均值一样，均呈稳定上升的趋势。苏鲁冀 3 省均地处我国东部，四季分明、气候适宜，适合许多作为生猪饲料主要成分的农作物的生长，传统的饲料工业发展情况较好，使得苏鲁冀 3 省在饲料费方面具有一定的优势，所以每年的饲料费都低于全国平均值。由于饲料费在生猪饲养成本中的比重较大，能够很好控制饲料费的省份就会在小规模饲养生猪饲养成本的控制上体现优势，因此继续保持在饲料费方面的优势也是山东省小规模饲养生猪控制成本过程中很重要的环节。

3. 人工成本的比较

根据 2008—2017 年的《全国农产品成本收益资料汇编》的统计数据，绘制 2007—2016 年山东省、河北省、江苏省和全国平均的小规模生猪养殖户饲养生猪的人工成本的柱状图，如图 6 - 10 所示。由柱状图可以清晰地看出，苏鲁冀 3 省和全国平均的小规模生猪养殖户的人工成本在 2007—2010 年呈现平稳发展，2011 年后上升势头明显。

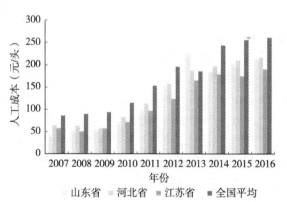

图 6 - 10　2007—2016 年山东、河北、江苏和全国平均
小规模饲养生猪的人工成本

由图 6 - 10 可以看出 2007—2010 年山东省、河北省、江苏省和全国平均的小规模生猪养殖户的人工成本变化很小，而且整体价

格也一直维持在一个相对较低的水平。从 2011 年开始，苏鲁冀 3 省和全国平均的饲养人工成本开始大幅度上升，2010 年江苏省、山东省、河北省和全国平均值分别为 71.63 元/头、72.31 元/头、82.73 元/头和 114.60 元/头，到 2016 年分别上涨到 190.72 元/头、213.38 元/头、217.30 元/头和 261.45 元/头，涨幅分别为 166.26%、195.09%、162.66%和 128.14%，其中上涨波动幅度最大的为山东省。

从上述分析可以看出，近 10 年苏鲁冀 3 省的农户小规模饲养生猪的人工成本和全国平均值一样，均呈现先平稳发展，后稳定上升的趋势。山东省的小规模饲养生猪人工成本整体较江苏省体现出劣势，但除 2013 年外，较河北省整体体现出较大的优势，且远低于全国平均值，因此从全国范围来看，山东省在小规模饲养生猪的人工成本上优势明显。

2007—2010 年由于国内劳动力资源相对丰富、物价水平整体不高，所以在全国范围内生猪饲养的人工成本都稳定在一个相对较低的水平。2011 年后，随着经济和社会的快速发展，第二、第三产业从业人员收入快速增加，我国农村人口大量涌向城市务工，使得农村地区可用劳动力大量减少，导致 2011—2016 年生猪饲养人工成本骤增，2016 年山东省农户小规模饲养生猪的人工成本约为 2010 年的 3 倍，河北省、江苏省和全国平均值也都达到 2010 年人工成本的 2 倍以上。农户小规模饲养生猪的人工成本占总成本的 10%~15%，而我国生猪饲养业的现代化还没有达到很高的水平，小规模生猪养殖户也没有足够的资金安装大型的机械化设备，因此在人工成本逐年升高的背景下，山东省小规模生猪养殖户可以合理安排人工投入工作量、科学喂养，尽量提高投入人工的工作效率，以此来达到控制人工成本的作用。

4. 医疗防疫费的比较

根据 2008—2017 年的《全国农产品成本收益资料汇编》的统计数据，绘制 2007—2016 年山东省、河北省、江苏省和全国平均的小规模生猪养殖户饲养生猪的医疗防疫费的柱状图，如图 6-11

所示。由柱状图可以看出，山东省、河北省、江苏省和全国平均的小规模生猪养殖户的医疗防疫费在整体上呈现稳定发展的趋势，10年来医疗防疫费数值均变动不大。

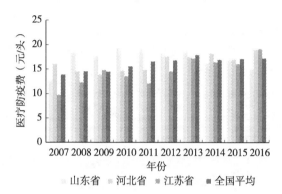

图6-11　2007—2016年山东、河北、江苏和全国平均
小规模饲养生猪的医疗防疫费

由图6-11可以看出，2007年河北省小规模生猪养殖户的医疗防疫费高于山东、江苏以及全国平均值，2008年以后，山东省医疗防疫费大幅度上涨，连续6年高于全国平均值和苏冀2省，2010年最高值达到了19.35元/头，为近10年的最高值。江苏省2009年小规模饲养生猪的医疗防疫费为14.50元/头，略高于河北和全国平均值，但远低于山东省。除2009年外，其余年份江苏省小规模饲养生猪的医疗防疫费均为最低，尤其是2010年，12.09元/头的医疗防疫费远远低于山东省的19.10元/头。2013年、2014年和2015年，苏鲁冀3省和全国平均小规模饲养生猪的医疗防疫费用逐渐稳定，数值变化不大，波动幅度也很小。2016年山东省数据稍有下降，苏冀2省略有上升，而全国平均值基本没变。

从上述分析可以看出，苏鲁冀3省在小规模生猪养殖户的医疗防疫费方面，只有江苏省体现出了优势，整体低于全国平均值。河北省小规模生猪养殖户的医疗防疫费与全国平均水平差距不大，在对比中既没有太大的优势，但也没有表现出很大的劣势。山东省小规模生猪养殖户的医疗防疫费用整体较高，大部分年份都高于苏冀2省，也远高于全国平均值，说明山东省在医疗防疫费方面的支出较小规模饲养生猪强省还有较大的差距，在全国也处于比较劣势的位置。

5. 死亡损失费的比较

根据2008—2017年的《全国农产品成本收益资料汇编》的统计数据，绘制2007—2016年山东省、河北省、江苏省和全国平均的小规模生猪养殖户饲养生猪的死亡损失费的柱状图，如图6-12所示。由柱状图可以看出，山东省、河北省、江苏省和全国平均的小规模生猪养殖户的死亡损失费除个别年份外，整体上呈现相对稳定的状态，且在最近几年略显下降趋势。

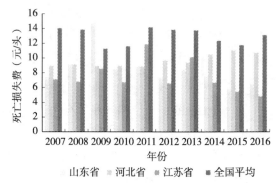

图6-12 2007—2016年山东、河北、江苏和全国平均
小规模饲养生猪的死亡损失费

2009年山东省小规模生猪养殖户的死亡损失费为14.81元/头，高于全国平均值11.28元/头，这也是苏鲁冀3省唯一一年有省份的死亡损失费高于全国平均值。2012年山东省小规模饲养生猪的死亡损失费为7.28元/头，河北省为9.68元/头，江苏省为6.62元/头，全国平均值为13.87元/头，全国平均值高于苏鲁冀3省的幅度分别达到109.52%、90.52%和43.29%。2010—2015年全国平均小规模饲养生猪的死亡损失费分别为11.62元/头、14.20元/头、13.87元/头、13.80元/头、12.39元/头和11.77元/头，

相比于苏鲁冀 3 省一直处于较高的水平。

从上述分析可以看出，苏鲁冀 3 省与全国平均的小规模饲养生猪的死亡损失费相比，总体表现出很大的优势。近 10 年苏鲁冀 3 省中河北省小规模饲养生猪死亡损失费波动最小，江苏省比河北省波动偏大，山东省为 3 省波动最大，振幅最大达到 8.97 元/头。山东省在 2 个特殊年份死亡损失费骤增的原因是，由于山东地区当年范围较大的疫病传播，医疗防疫准备不足导致生猪死亡损失加大，其余年份山东省整体在控制死亡损失费上较苏冀 2 省和全国平均水平有较大的优势。虽然死亡损失费占小规模生猪养殖户饲养成本的比重不大，但是苏鲁冀 3 省的死亡损失费统计数据依然可以表明，它们的医疗防疫的意识和技术以及小规模饲养生猪技术在全国范围具有较强的竞争力。

6. 燃料动力费的比较

根据 2008—2017 年的《全国农产品成本收益资料汇编》的统计数据，绘制 2007—2016 年山东省、河北省、江苏省和全国平均的小规模生猪养殖户饲养生猪的燃料动力费的柱状图，如图 6-13 所示。由柱状图可以看出，山东省、河北省、江苏省和全国平均的小规模生猪养殖户的燃料动力费除河北省呈现下降趋势外，苏鲁 2 省和全国平均值均相对稳定。

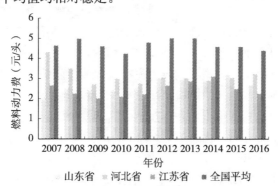

图 6-13　2007—2016 年山东、河北、江苏和全国平均
小规模饲养生猪的燃料动力费

2007—2016 年小规模生猪养殖户的燃料动力费全国平均值最高值为 2013 年的 5.01 元/头，最低值为 2010 年的 4.23 元/头，变化幅度最大为 18.44%。山东省的最高值出现在 2015 年，为 3.19 元/头，高出 2007 年的最小值 62.76%。江苏省 2014 年达到最高值，为 3.11 元/头，最小值为 2009 年的 2.01 元/头，相差幅度为 54.73%。河北省 2006 年的燃料动力费最高为 5.03 元/头，最低为 2009 年的 2.71 元/头。

从上述分析可以看出，苏鲁冀 3 省小规模生猪养殖户的燃料动力费在全国还有较大的优势。除 2007 年河北省燃料动力费接近全国平均值外，其余年份均为全国平均值远高于苏鲁冀 3 省数值。全国平均值近 10 年一直稳定在 4～5 元/头，波动幅度很小。河北省在 2007—2008 年的燃料动力费用数据明显高于苏鲁 2 省，后来逐渐降低，并且也在一个相对稳定的范围浮动。山东省和江苏省在控制燃料动力费方面较河北省较好，一直处于一个数值相对较低且稳定波动的状态，远低于全国平均值，说明在燃料动力费方面苏鲁 2 省有一定的优势，这与苏鲁 2 省拥有丰富的燃料资源有着较为密切的关系。

（三）小结

本节主要比较了山东省小规模生猪养殖户的饲养成本和主要成本构成项目与河北省、江苏省以及全国平均值的异同点。在主要成本构成项目中挑选了 2008—2017 年《全国农产品成本收益资料汇编》的统计数据中数据记录较为完整且代表性强的仔畜成本、饲料费、人工成本、医疗防疫费、死亡损失费和燃料动力费 6 个成本项目。通过对比分析得出，在小规模生猪养殖户的饲养成本、饲料费和医疗防疫费方面，山东省虽然低于全国平均值，但是与河北省和江苏省等小规模饲养生猪强省还有较大的差距。在生猪仔畜成本控制方面，山东省表现较差，不仅高于江苏省和河北省，而且与全国平均水平还有差距。而在死亡损失费和燃料动力费 2 方面，全国平均值远高于苏鲁冀 3 省的数据，其中山东省的数据相对较低，体现出了一定的优势。山东省在人工成本控制上优势最大，这与山东省人口众多、劳动力相对廉价有密切的关系。

综上所述，山东省作为我国小规模饲养生猪的重要省份，其生猪的饲养成本总体上在全国范围来看处于中游水平，甚至在一些方面表现出较为明显的劣势。通过同相邻省份河北省和江苏省小规模饲养生猪的成本项目数据对比分析也可以看出，在生猪饲养成本和饲料费等主要成本构成项目上并没有优势，虽然在人工成本和医疗防疫费两个方面有些优势，但是由于人工成本和医疗防疫费在饲养成本中比重较小，使得整体优势并不明显。而在有的方面例如生猪仔畜成本方面表现出较大的劣势，由于仔畜成本是生猪饲养成本最重要的组成部分，这使得数量众多的山东省小规模生猪养殖户想要尽量降低饲养成本、提高饲养经济效益显得更加困难。通过本部分的研究分析，发现了山东省小规模生猪养殖户在饲养成本上与周边省份在一些成本项目上的差距，为下文研究个体案例、更加深入地挖掘山东省小规模生猪养殖户在成本方面的优势和劣势奠定了基础。

五、临沂市小规模生猪养殖户饲养成本调查分析

为了更准确反映山东省小规模饲养生猪的生产经营和成本效益情况，近几年山东省生猪饲养创新团队产业经济岗位专家一直非常重视与关注生猪饲养的实际情况，与山东省临沂试验站紧密合作，针对各生猪饲养规模布局调查点，调查生猪饲养的基本情况与成本效益情况。针对山东省农户散养生猪受到环保、效益各方冲击，小规模饲养成为山东省生猪饲养主要方式的实际情况，本书专门对临沂市小规模饲养生猪的成本效益进行分析。

（一）实地调研简介

1. 实地调研方式

以山东省生猪饲养创新团队临沂市试验站为依托，运用实地考察交流和发放调查问卷结合的方法，在临沂市的费县、临沭县、平

邑县和沂南县选取了 8 家小规模生猪养殖场进行调研。调研团队多次到养殖场进行实地考察和调研，针对具体问题向各养殖场场主和养殖工人咨询，其间以季度为时间区间发放和收取调查问卷，调查问卷发放率和回收率均为 100％，有效调查问卷率达到 87％以上。综合研究所需的各项数据指标，选取了一家在调研期间提供的原始数据和调研数据最完整、最全面，养殖状况良好的目标养殖场进行案例研究。

调查研究过程中，得到了山东省现代农业产业技术体系生猪创新团队临沂实验站的大力协助，并得到了产业岗位专家和临沂市畜牧局工作人员的大力支持，在调查问卷的发放和回收、建立长期合作关系获取养殖场成本数据方面得到帮助。本部分所用的实地调研中所获取的所有成本数据均截至 2016 年。

2. 个案养殖户挑选简介

临沂市位于山东省东南部，是山东省生猪养殖大市，2016 年全市出栏和存栏生猪分别为 1 826.15 万头和 872.94 万头，2 项数据均位居山东省前 2 位。临沂市内现有 2 家大型猪肉制品加工民营企业临沂新程金锣肉制品有限公司和江泉农牧生态集团有限公司，传统的生猪饲养产业发展基础和较大的生猪产品及副产品市场使得临沂市成为山东省最具特色的养猪大市。

临沂市是山东省面积最大的地级市，人口众多，其中农业人口700 多万，农村地区养猪历史悠久，在广大的农村地区有着数量众多的小规模生猪养殖户。近年来在国家出台政策的支持和国家环保部门加强对生猪饲养管控的大环境下，大部分生猪散养农户逐渐改变了饲养方式，转型为更加整齐规范的小规模生猪养殖户。本次调研期间，经过临沂市畜牧局工作人员对辖区小规模生猪养殖户的监测和推荐，并多次到临沂市各个县区深入研究调查，考察了多家小规模生猪养殖户，最终选择费县一个标准化程度较高、管理规范、原始数据和调研数据完整、养殖状况和运营良好的小规模生猪养殖户 S作为本次研究的个案对象，通过典型养殖户的实际养殖调研数据与山东省小规模生猪养殖户的国家统计数据进行比较，找出目标养殖场在生猪饲养成本项目上存在的优势和劣势，分析个案养殖户与山东省整体小规模饲养生猪在成本方面的关系。

(二) S 养殖户的基本情况

S 养殖户位于山东省临沂市费县，属于费县山区浅山地带，养殖场紧靠当地城乡主要道路，占地面积 3 500 米^2，总投资 25 万元，于 2005 年投资建设完成，当年建成并投入生产养殖，主要饲养品种为当地特色型的土二元生猪和土三元生猪。养殖场目前存栏大白、杜洛克、长白良种母猪 6 头，二元、三元杂交育肥猪 40 多头，年平均存栏育肥猪 100 头，是目前临沂市农村地区规模化、标准化程度特点较为鲜明的典型小规模生猪养殖户，也是费县挂牌的标准化示范小规模生猪农村饲养户。

(三) S 养殖户的饲养成本变动趋势分析

S 养殖户生猪饲养成本是其在整个生猪饲养期间所消耗的资金成本、土地成本和劳动力成本等所有成本的总和，涉及生猪的仔畜成本、饲料费、医疗防疫费、燃料动力费、死亡损失费、保险费、销售费、人工成本、固定资产折旧费、修理维护费和其他直接费用等项目。

通过实地调查研究，根据 S 养殖户提供的原始数据和实地调研数据，经过汇总、整理和分析，绘制 2007—2016 年 S 养殖户生猪饲养成本的变动折线图，与山东省小规模生猪养殖户的饲养成本统计数据柱状图作对比，如图 6 - 14 所示。

根据图 6 - 14，由 S 养殖户饲养成本的数据变动趋势可以看出，近 10 年来 S 养殖户的生猪饲养成本处于波动上升的状态，既有上升又有下降，但是总体处于上升趋势，2007—2008 年处于上升阶段，上升幅度高达 32.80%。2009 年上升趋势停止，总成本有所下降，综合前文分析的全国平均值和相邻省份的饲养成本变化趋势不难发现，2007—2009 年不论是地方还是全国整体水平，都有相同的上升和下降趋势，这与当年整个山东省市场乃至全国市场生猪成本

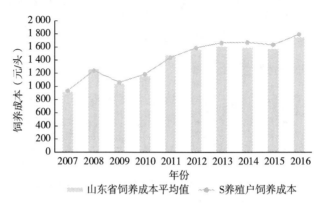

图 6-14　2007—2016 年 S 养殖户饲养成本与山东省平均值的对比

整体波动的大趋势一致。2010 年后饲养成本稳步上升,在 2016 年达到了近 10 年生猪饲养成本的最大值,达到了 1 798.60 元/头。

　　对比山东省小规模生猪养殖户的饲养成本的统计数据,可以直观地看出来,近 10 年中,只有 2008 年和 2011 年 S 养殖户的饲养成本低于山东省的平均值,其他年份均高于山东省平均水平,尤其是 2014 年和 2015 年,高出平均值分别为 83.96 元/头和 65.64 元/头。从上述 S 养殖户的饲养成本的调研数据与山东省统计数据的平均值比较和分析中可以发现,S 养殖户在饲养成本方面的 2 个特点:①S 养殖户近年来生猪饲养成本呈现总体波动上升的趋势,这与山东省小规模饲养生猪饲养成本的变动趋势大体一致,随着近些年社会和经济的不断发展,物价水平和各种饲养资料价格逐年上升,人工成本也在不断升高,使得 S 养殖户的饲养成本在过去 10 年的时间增长了接近 1 倍;②S 养殖户的饲养成本在大多数年份高于山东省的平均值,S 养殖户是临沂地区特点鲜明的典型示范养殖场,虽然近些年整体发展迅速,但是在饲养成本的控制上在全省内并没有体现出相对的优势,甚至大多数年份的成本值高于全省的平均值。饲养成本的增加会直接减少 S 养殖户的饲养效益,这样不仅会降低饲养者的养殖积极性,也不利于提高小规模生猪养殖户在市场中的价格竞争力。

（四）S养殖户主要饲养成本项目的变动趋势分析

通过对回收的有效调查问卷数据进行分类、提取、计算和分析，S养殖户生猪饲养成本项目主要由仔畜成本、饲料费、医疗防疫费、水电燃料费、其他直接费用、销售费、人工成本、期间费用、因灾因病死亡生猪折价等项目组成。因S养殖户记录数据能力有限，在不影响研究的真实性和应用性的角度下，本书从S养殖户的饲养成本项目中挑选了数据记录最明确清晰、占总成本比重较大、特点较为鲜明的5个成本项目进行计算、比较和分析，以达到个案分析和统计数据对比分析的目的，通过对比发现个案养殖户在饲养成本项目上与山东省整体水平的异同。

1. S养殖户的仔畜成本变动分析

仔畜成本指S养殖户当月出栏生猪中自繁自育的仔畜的费用和外购仔畜的成本的加权平均值。通过实地调查研究，根据S养殖户提供的原始数据和实地调研数据，经过汇总、整理和分析，绘制S养殖户生猪饲养仔畜成本的变动趋势图，与山东省小规模生猪养殖户的仔畜成本平均值柱状图作对比，如图6-15所示。

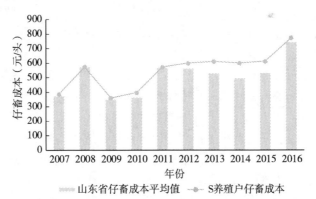

图6-15　2007—2016年S养殖户仔畜成本与山东省平均值的对比

根据图6-15，由S养殖户饲养成本中仔畜成本的数据变动趋势可以明显看出，2007—2016年S养殖户的仔畜成本整体高于山东省平均水平，除 2008 年数值与山东省平均值接近以外，其他年份都是 S 养殖户的仔畜成本明显高于山东省的平均值，其中 2013 年、2014 年和 2015 年最为突出，分别高于当年山东省平均值 82.94 元/头、105.55 元/头和 80.87 元/头。从图中还能看出，S 养殖户的仔畜成本在经历了 2007—2011 年的较大波动后，2011—2015 年的仔畜成本数据趋于稳定发展，经过生猪市场 5 年平稳期的发展过后，2015 年山东省各地区乃至全国猪肉价格持续走低，使得大部分养殖户的饲养效益很低，甚至有的养殖户出现赔钱的状况，再加上国家对于生猪饲养污染物的管理越来越严格，许多养殖户暂停饲养或者退出了生猪养殖行业，养殖户期待猪肉价格回暖后再进行生猪养殖。因此导致在 2016 年生猪养殖户在购买猪仔的时候，市场供需不平衡，仔畜数量远远达不到市场的预期，使得 2016 年仔畜成本一下子暴涨至 773.67 元/头，远高于 2015 年的 611.38 元/头，涨幅高达 26.54%。

实地调查中，由走访的大多数养殖户得知，不同品种和品质的猪仔价格差异较大，并且他们都有和 S 养殖户类似的仔畜成本偏高的现象。由于临沂地区农户小规模饲养生猪的规模不一，最小的常年能繁母猪存栏仅有 1 头、年生猪平均存栏 35 头左右，最大的常年能繁母猪存栏 5～6 头、年生猪平均存栏 100 头左右。小规模生猪养殖户资金来源少、科学养殖技术较为低下，因此自繁自养的仔畜只占年育肥生猪的 50% 以下，大部分仔畜都是通过中介或者大规模养殖场等渠道购买。小规模生猪养殖户为了保证外购的仔畜无疫病、品种优良，大多会选择信誉更好的猪场来保证仔畜育肥的成活率，并没有充分考虑选择育肥的品种是否适合当地市场对猪肉品质的需求，因此往往以更高的价格从更专业的仔畜卖家购买仔畜，提高了饲养成本中的仔畜成本，从而对饲养成本产生影响。

结合 S 养殖户仔畜成本和山东省平均值的对比分析、山东省小规模生猪养殖户的仔畜成本与全国平均值的比较可以看出，山东省的仔畜成本平均值在全国范围内处于偏高的水平，S 养殖户的数据又整体高于山东省平均值，而仔畜成本占总的饲养成本的比重很大，仔畜成本的高低直接影响着小规模生猪养殖户的饲养成本。在上述 S 养殖户的个案分析中可以看出，农户购买高价仔畜的渠道表现出当地生猪产业体系的不完善，生猪饲养合作组织数量不足，养殖户对相应的市场价格的判断缺失，科学育种等技术的不完善都使得仔畜成本处于较高的水平。

2. S 养殖户的饲料费变动分析

饲料费是 S 养殖户当月出栏生猪在饲养过程中实际耗用的粮食、混合饲料、饲料添加剂、豆饼等所有费用的总和。通过实地调查研究，根据 S 养殖户提供的原始数据和实地调研数据，经过汇总、整理和分析，绘制 S 养殖户生猪饲养的饲料费变动趋势图，与山东省小规模生猪养殖户的饲料费平均数据柱状图作对比。

根据图 6-16，由 S 养殖户饲料费的数据变动趋势可以看出，S 养殖户 2007—2016 年的饲料费呈现稳定上升的趋势，总体波动不大，且整体来看数值与山东省平均值差距很小。2007 年 S 养殖户的饲料费为 473.28 元/头，为近 10 年最小值。随着经济的发展，各种饲料原料的成本逐年上升，导致饲料费也呈现逐年上升的势头，并在 2014 年达到近 10 年最大值，为 892.38 元/头，是 2007 年饲料费的 1.89 倍。

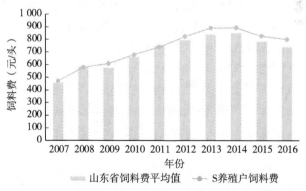

图 6-16　2007—2016 年 S 养殖户饲料费与山东省平均值的对比

在实地调查中通过与养殖户的交流得知，S 养殖户的养殖饲料由精饲料和青粗饲料两部分组成。其中精饲料由各种粮食、豆类和混合饲料组成，基本都是外购饲料加工厂提供的成品。而青粗饲料则全部都是农户自有土地生产的各种农作物的秸秆粉碎加工，与外购的精饲料混掺使用。由于饲料工业的快速发展，和近年来人力成本的上升，没有足够的劳动力从事青粗饲料的制作，以前生猪饲养业的传统喂养方式已经完全改变。所有的规模化养殖场都采用更为方便快捷的精饲料作为当代养猪的饲料，而且配方科学合理的外购饲料能更加快速地育肥生猪，缩短生猪的饲养周期，提高小规模生猪养殖户的饲养收益。

饲料费在小规模生猪养殖户的饲养成本中约占 1/3 的比重，由图 6-16 和对比分析可以看出，S 养殖户在饲料费方面基本和山东省整体情况保持一致，由于山东省小规模生猪养殖户在控制饲料费方面从全国来看表现较好，因此，继续保持饲料费低的优势不仅仅是对 S 养殖户，对山东地区所有小规模生猪养殖户来说也都有着较大的益处，这既可以促进当地饲料产业的进一步发展，又能够保持成本项目上的优势，相对提高养殖户的收益，使得养殖户在生猪价格波动不定的市场中有着更强的竞争力。

3. S 养殖户的人工成本变动分析

人工成本指 S 养殖户当月出栏生猪在饲养过程中雇用工人的费用和家庭人工参与劳动的折价的总和。通过实地调查研究，根据 S 养殖户提供的原始数据和实地调研数据，经过汇总、整理和分析，绘制 S 养殖户生猪饲养人工成本的变动趋势图，与山东省小规模生猪养殖户的人工成本平均数据柱状图作对比，如图 6-17 所示。

根据图 6-17，由 S 养殖户生猪饲养人工成本的数据变动趋势可以看出，S 养殖户近 10 年的人工成本总体上呈现上升的趋势。2007 年 S 养殖户的人工成本仅为 29.58 元/头，并且 2007—2009 年连续 3 年维持在相对较低的范围，直到 2010 年才有较为明显的增长，达到 53.70 元/头。由图 6-17 明显地看出，2010 年后 S 养殖户的人工成本增长速度逐渐加快，到 2016 年达到 167.75 元/头，是 2007 年的 5.67 倍。近 10 年 S 养殖户人工成本与山东省平均值

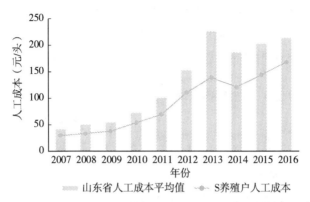

图 6 - 17　2007—2016 年 S 养殖户人工成本与山东省平均值的对比

相比较，可以清晰地看出 2007—2016 年都是山东省平均值远高于 S 养殖场的人工成本，2013 年山东省小规模生猪养殖户的人工成本平均值高达 225.92 元/头，而 S 养殖户的人工成本仅为 138.77 元/头，两者差距高达 87.15 元/头。

S 养殖户饲养成本中的人工成本偏低是临沂地区生猪小规模养殖户的典型体现。临沂市是山东省面积最大的地级市，分为 9 县 3 区，有 70% 以上的农业人口，而 S 养殖户所在的费县更是以农业人口为主的国家级贫困县。虽然近些年随着我国市场经济的发展，第二产业和第三产业从业人员的工资收入水平逐渐提高，有许多年轻的农村劳动力前往城市打工，但是由于农业人口基数大，依然有大量的以务农为主的留守劳动力。由于当地经济欠发达、人们生活物质水平相对较低，所以劳动力雇用价格比山东省内其他经济相对发达地区低得多，雇用工人对标准劳动工作日的报酬期望也更低，因此导致 S 养殖户所耗费的人工成本在与山东省平均水平比较时体现出较大的优势。

人工成本也是生猪饲养成本的主要构成部分之一，占总成本的 10%～15%。山东省小规模生猪养殖户的人工成本在全国范围处于较低的水平，低于全国平均值 20% 左右，S 养殖户的人工成本又远低于山东省平均值，这对 S 养殖户来说是独特的优势。虽然人工成本占总饲养成本的比重低于仔畜成本和饲料费，但是作为生猪饲养业中不可或缺的一个部分，人工成本的低水平能够更好地刺激生猪养殖户的养殖积极性，稳定和促进临沂乃至山东地区生猪饲养业的有序发展。

4. S养殖户的销售费变动分析

销售费指S养殖户当月出栏生猪在销售过程中所发生的运输费、包装费和装卸费等一系列费用的总和。通过实地调查研究，根据S养殖户提供的原始数据和实地调研数据，经过汇总、整理和分析，绘制S养殖户生猪饲养销售费的变动趋势图，与山东省小规模生猪养殖户的销售费平均数据柱状图作对比，如图6-18所示。

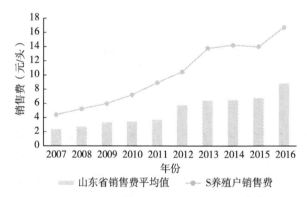

图6-18　2007—2016年S养殖户销售费与山东省平均值的对比

根据图6-18，由S养殖户生猪饲养销售费的数据变动趋势可以看出，S养殖户2007—2016年的销售费一直处于不断上升的趋势，2007年的销售费用仅为4.43元/头，而2016年销售费达到了16.75元/头，10年间增长了约3倍。和山东省小规模生猪养殖户的销售费用平均值相比较，S养殖户的销售费远远高于山东省平均水平，表现最明显的为2011年、2013年和2014年，这3年S养殖户的销售费用基本为山东省小规模生猪养殖户销售费平均值的2倍。

销售费在生猪饲养成本中所占比重大约为1%，它的高低无法对生猪饲养成本的变动起到决定性作用。虽然生猪的销售费不能直接决定总成本的高低，但是，销售是整个生猪产业链比较重要且不可缺少的关键环节，因此有一定的研究意义。在对S养殖户的实地调查分析过程中从养殖户了解到，在费县乃至整个临沂地区，有一个被养殖户称为"猪贩子"的组织，其主要作用就是从散养户和小规模养猪场收购育肥猪，经"猪贩子"这一环节贩卖到生猪屠宰或肉制品加工企业。像S养殖户这样的小规模养殖户由于场地相对较小、饲养规模有限，所以当育肥生猪达到可供出售质量时养殖户就会及时清理库存，为饲养下一周期的仔畜提供场地。而当地的生猪屠宰场和肉制品加工企业只针对规模较大的养殖场提供上门收购服务，对于S养殖户这样的小规模养殖场不会上门收购，所以大部分没有交通运输工具的小规模养殖场就会委托"猪贩子"上门收购、运输和装卸。"猪贩子"的存在给当地小规模养殖户提供了便利，但是同时也增加了养殖户的销售费。

销售费的高低虽然对于小规模生猪养殖户的总成本高低影响较小，但是由S养殖户体现出的甚至覆盖整个临沂地区的，由"猪贩子"反映的生猪产业组织体系不够完善从而导致生猪饲养成本升高的问题，是不可忽视的。为了更好地控制饲养成本，促进所有小规模生猪养殖户的快速稳定发展，找出原有生猪产业体系中缺少或者存在问题的环节，针对问题具体解决，有利于山东省甚至是全国范围小规模生猪饲养体系的建立和健全。这需要来自政府的支持和调控，为小规模生猪养殖户的稳定发展提供更好的保障。

5. S养殖户的医疗防疫费变动分析

医疗防疫费指S养殖户在育肥猪存栏期间为育肥猪注射防疫针、进行疫病治疗和猪舍消毒防疫等全部费用的总和。通过实地调查研究，根据S养殖户提供的原始数据和实地调研数据，经过汇总、整理和分析，绘制S养殖户生猪饲养医疗防疫费的变动趋势图，与山东省小规模生猪养殖户的医疗防疫费平均数据柱状图作对比，如图6-19所示。

根据图6-19，由S养殖户医疗防疫费的数据变动趋势可以看

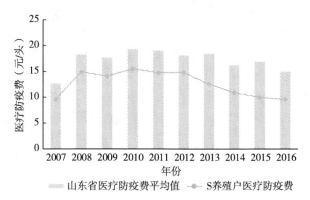

图 6‑19　2007—2016 年 S 养殖户医疗防疫费与山东省平均值的对比

出，S 养殖户近 10 年的医疗防疫费用相对比较稳定，并且最近几年有逐渐下降的趋势。2007 年 S 养殖户每头出栏生猪的医疗防疫费为 9.64 元/头，2010 年达到 15.52 元/头，增长了 61.00%，累计增长值为 5.88 元/头。对比山东省小规模饲养生猪医疗防疫费平均值，可以清楚看到，S 养殖户近 10 年的数值均低于山东省平均水平，整体比山东省平均值低 3.7 元/头，说明 S 养殖户的医疗防疫费的投入在整个山东地区处于相对较低的水平。

　　由图 6‑19 中发现，小规模生猪养殖户每头出栏生猪的医疗防疫费基本在 10～20 元波动，其数值变化不剧烈且在小规模饲养生猪的成本中比重较轻。在 S 养殖户实地调研中得知，因为 S 养殖户所在的费县是国家级贫困县，政府针对农业类项目有扶持发展政策，费县畜牧局与当地所有小规模生猪养殖户和生猪养殖合作组织建立了密切的帮扶关系，畜牧局的一线科技人员定期到各个乡镇、村驻地组织活动，对小规模生猪养殖户进行科学知识普及和生猪疫病防治的宣讲，免费发放一些卫生消毒工具和器械，提供相对便宜的生猪疫苗给养殖户进行生猪防疫，使得像 S 养殖户这样的广大基层小规模养殖场的生猪饲养人员能更好地运用科学方法进行生猪饲养，因此 S 养殖户在医疗防疫费控制方面相对山东省平均值体现出一定的优势。

（五）小结

　　在临沂市畜牧局相关工作人员的建议下，选取典型小规模生猪养殖户S进行实地调研，将S养殖户真实的原始成本数据和实地调查数据与2008—2017年《全国农产品成本收益资料汇编》中记录的山东省小规模生猪养殖户的饲养成本及主要成本构成项目的统计数据平均值进行对比，用S养殖户的实地调研数据的高低和变动趋势来分析小规模饲养生猪的优势和劣势。通过分析比较发现，S养殖户的饲养成本、仔畜成本和饲料费的变动趋势与山东省小规模饲养生猪数据的变动趋势基本类似，这3项数据为小规模饲养生猪成本中比重最大的3个部分，说明整体上S养殖户对山东省小规模饲养生猪具有相当的代表性。S养殖户的生猪饲养成本和仔畜成本较山东省平均值明显偏高，饲料费两者相差不大。S养殖户的人工成本和医疗防疫费总体低于山东省平均水平，表现出S养殖户在控制这2个成本项目方面有着相对的优势；而在销售费方面，S养殖户远远高于山东省平均水平，表现出在控制销售费方面的区域性劣势。通过对照，发现了S养殖户在山东省农户小规模饲养生猪中具有一定的代表性，存在着自身的优势和不足之处，为下文总结山东省小规模生猪养殖户成本控制中存在的劣势并提出对策建议提供了相应的依据。

第七章 不同饲养规模生猪
饲养效益分析

由生猪饲养效益的概念可知，生猪饲养效益由出栏生猪的收入与饲养成本共同决定，本部分将通过每头生猪收入与饲养成本净收益率 2 个指标对生猪饲养效益进行理论分析，选取 2004—2017 年成本效益数据对生猪饲养效益进行实证研究，并利用灰色局势决策法选择山东省生猪饲养的最优规模。

一、每头生猪收入分析

对生猪饲养效益的考核主要包括两个方面：①生猪饲养的直接效益；②与生猪饲养密切相关的综合效益。生猪饲养直接效益的高低取决于两个方面：①饲养成本；②市场销售情况。饲养成本前面已经分析过，市场销售情况主要体现在销售价格上。这里以每头生猪收入作为销售价格的考核指标。

根据 2005—2018 年的《全国农产品成本效益调查资料汇编》数据，得出 2004—2017 年山东省 4 种饲养规模的每头生猪收入数据（表 7-1）。

表 7-1 2004—2017 年山东省不同饲养规模的生猪收入情况

单位：元/头

年份	农户散养	小规模饲养	中规模饲养	大规模饲养
2004	951.82	952.49	945.57	924.59
2005	785.41	761.83	794.86	793.25
2006	821.90	790.53	784.56	766.28

（续）

年份	农户散养	小规模饲养	中规模饲养	大规模饲养
2007	1 398. 04	1 348. 54	1 457. 42	1 293. 80
2008	1 478. 55	1 543. 51	1 592. 15	1 558. 2
2009	1 166. 44	1 176. 35	1 257. 49	1 196. 83
2010	1 242. 22	1 256. 21	1 304. 57	1 262. 59
2011	1 778. 83	1 869. 82	1 906. 54	1 854. 57
2012	1 557. 61	1 644. 82	1 696. 23	1 628. 54
2013	1 542. 09	1 630. 31	1 666. 90	1 603. 94
2014	1 401. 80	1 458. 56	1 519. 38	1 430. 68
2015	1 666. 32	1 663. 49	1 766. 40	1 607. 42
2016	2 063. 14	2 076. 86	2 171. 16	2 021. 35
2017	1 642. 37	1 676. 44	1 779. 24	1 657. 57

通过表 7 - 1 数据，我们可以得到 2004—2017 年山东省不同饲养规模的每头生猪收入折线图（图 7 - 1）。

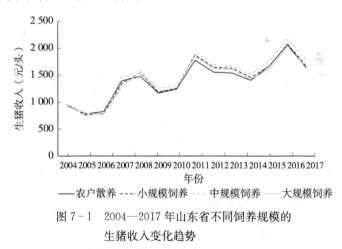

图 7 - 1　2004—2017 年山东省不同饲养规模的
生猪收入变化趋势

根据表 7 - 1 的数据可计算出，2004—2017 年山东省农户散养、小规模饲养、中规模饲养和大规模饲养的生猪平均收入分别为

1 392.61 元/头、1 417.84 元/头、1 474.46 元/头和 1 399.97 元/头。4 种饲养规模中的每头生猪收入，中规模饲养最高，其次为小规模饲养，再次是大规模饲养，农户散养最低。

二、生猪饲养效益分析

1. 饲养成本净收益率分析

根据 2005—2018 年的《全国农产品成本效益调查资料汇编》数据，计算得出 2004—2017 年山东省不同饲养规模的生猪饲养成本净收益率（表 7 - 2）。

表 7 - 2　2004—2017 年山东省不同规模饲养生猪的饲养成本净收益率

单位：%

年份	农户散养	小规模饲养	中规模饲养	大规模饲养
2004	15.95	21.23	21.01	20.98
2005	−1.35	−1.55	4.54	8.35
2006	16.54	19.20	14.32	5.51
2007	32.40	46.88	42.06	31.87
2008	12.18	22.03	30.62	32.92
2009	6.19	13.33	17.78	15.58
2010	3.36	8.97	16.70	16.09
2011	20.27	26.83	33.72	39.64
2012	−3.15	5.19	10.16	8.57
2013	−6.35	1.35	10.71	7.18
2014	−13.93	−8.21	0.29	−3.47
2015	−2.25	5.85	15.35	6.99
2016	5.69	18.69	24.95	14.76
2017	−12.27	−1.84	7.11	6.54

利用表 7 - 2 数据，可以得到 2004—2017 年山东省不同饲养规

模的生猪饲养成本净收益率折线图（图 7-2）。

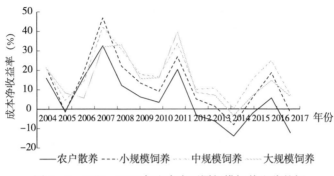

图 7-2　2004—2017 年山东省不同规模饲养生猪的饲
养成本净收益率变化趋势

从图 7-2 中可以直观看出，规模饲养的生猪饲养成本净收益率明显高于农户散养生猪的相应值。利用表 7-2 数据计算得到，2004—2017 年全省农户散养、小规模饲养、中规模饲养和大规模饲养的生猪平均饲养成本净收益率分别为 5.23%、12.71%、17.81% 和 15.11%。可以看出，2004—2017 年，全省 4 种饲养规模的生猪饲养成本净收益率平均值分布在 3 个级别上，中规模饲养生猪的饲养成本净收益率最高，其次为大规模饲养和小规模饲养，而农户散养的饲养成本净收益率最低。

中规模饲养生猪无论是每头猪收入还是饲养成本净收益率都是 4 种规模中最高的；而农户散养的每头猪收入和饲养成本净收益率基本上都是 4 种饲养规模中最低的，因为其生产成本过高；无论是每头猪收入还是饲养成本净收益率，小规模饲养和大规模饲养生猪都较为接近，介于中规模饲养与农户散养的相应值之间。

2. 生猪饲养净收益分析

根据 2005—2018 年的《全国农产品成本效益调查资料汇编》数据，计算得出 2004—2017 年山东省不同规模饲养生猪的净收益（表 7-3）。

表 7 - 3 2004—2017 年山东省不同规模的生猪饲养净收益

单位：元/头

年份	农户散养	小规模饲养	中规模饲养	大规模饲养
2004	130.95	166.82	164.14	160.34
2005	−10.82	−12.04	34.53	61.15
2006	116.63	127.36	98.30	40.05
2007	342.13	430.41	373.20	312.71
2008	160.58	278.67	373.19	385.89
2009	67.95	138.32	189.79	161.32
2010	40.41	103.40	186.69	175.05
2011	299.85	395.57	480.42	526.48
2012	−50.67	81.13	156.39	128.55
2013	−104.57	21.67	161.28	107.45
2014	−226.78	−130.44	4.39	−51.44
2015	−38.27	40.46	235.06	105.03
2016	111.03	327.02	433.56	260.02
2017	−229.64	−31.48	118.04	101.73

通过表 7 - 3 数据，我们可以得到 2004—2017 年山东省不同规模饲养生猪的净收益折线图（图 7 - 3）。

从图 7 - 3 中可以直观看出，山东省规模饲养生猪的净收益明显高于农户散养生猪的净收益，这与通过饲养成本净收益率比较规模饲养效益与散养效益得到的结果相一致。通过表 7 - 3 数据计算，得到 2004—2017 年山东省农户散养、小规模饲养、中规模饲养和大规模饲养生猪的平均净收益分别为 43.48 元/头、138.35 元/头、214.93 元/头和 176.74 元/头。可以看出，2004—2017 年，山东省4 种规模饲养生猪的净收益平均值也分布在 3 个级别上，中规模饲养生猪的净收益最高，其次为大规模饲养和小规模饲养，而农户散养生猪的净收益最低。这同样与上述生猪饲养成本净收益率分析得到的结论一致。

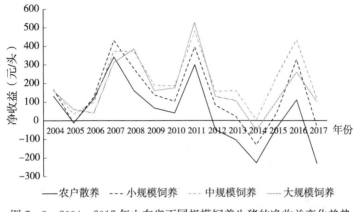

图 7 - 3　2004—2017 年山东省不同规模饲养生猪的净收益变化趋势

综上所述，山东省中规模饲养生猪无论是每头生猪收入、饲养成本净收益率还是每头生猪净收益都是 4 种规模中最高的；而农户散养的每头生猪收入、饲养成本净收益率与每头生猪净收益都是 4 种饲养规模中最低的，因为其生产成本过高；无论是饲养成本净收益率还是每头生猪净收益，小规模饲养和大规模饲养都较为接近，介于中规模饲养与农户散养的相应值之间。

3. 生猪养殖规模效益优势分析

从上述对生猪饲养效益的分析中可以看出，规模饲养的效益明显优于农户散养，这种优势是多种优势综合作用的最终体现。

(1) 观念优势。对生猪散养户来说，"养牛为种田，养猪为过年"的传统自给型生产观念还或多或少、或轻或重地存在着，并实实在在地影响着其生产经营行为。因此，农户散养生猪的商品率低。而规模养殖场的观念较为开放，它们养猪的目的就是获取最大的利润。因此，规模养殖场在生产经营过程中具有强烈的效益意识，并将该意识贯穿于生产的各个环节和方面。

(2) 科技优势。科学技术是第一生产力。与散养户相比，规模养殖场的科技优势体现在以下两个方面：①品种优势。规模养殖场的生猪饲养品种整体优良，以出肉率、瘦肉率高的三元杂交猪为主。散养户则以当地土杂猪为主。②技术优势。规模养殖场多是养猪的行家里手，通过专业化养殖，在仔猪选购、饲料配方、快速育肥等方面积累了丰富的经验。在生产上，规模养殖场通常采用"短、平、快"的方式，通过购买大仔猪，高强度喂养、快速育肥，达到缩短生产周期、降低成本的目的。

（3）规模优势。一方面，规模养殖场的饲养量大，多具有集种猪喂养、仔猪繁育、饲料加工于一体的一条龙式的生产特征，有利于规模养殖场在多环节降低生产成本。另一方面，规模养殖场的仔猪、饲料等多是批量购进，按照多购从优的原则，单位购买成本低于散养户的单位购买成本，或是自行加工饲料、仔猪自繁自养，有利于降低饲料和仔猪成本。

（4）营销优势。与散养户相比，规模养殖场具有较强的市场意识和营销能力。规模养殖场在销售上通过大户联合、强强联合等方式可以实现大批量外销。同时，通过合同、订单等形式与营销大户和龙头加工企业建立较为稳固的供销关系，还可以有效地化解市场风险。

三、生猪饲养效益影响因素分析

通过上述对成本与效益的分析可以看出，不同规模饲养生猪的成本变动趋势基本一致，但也有一定的差异，对效益的影响也不尽相同。本部分运用线性回归模型分析不同规模饲养生猪成本要素对饲养效益的影响因素及影响程度。

（一）模型的建立

饲养效益是生猪饲养业发展的动力，为了进一步降低生猪饲养成本，提高生猪饲养效益，本书进一步建立函数模型，实证分析不同饲养规模生猪饲养成本项目对效益的具体影响。

不同饲养规模的生猪饲养效益主要受生猪销售收入、仔猪进价、精饲料费、饲料加工费、医疗防疫费、销售费用、人工成本等项目的影响。本部分分析选用饲养生猪净收益 R（元/头）作为被解释变量。选用主产品平均出售价格 PRI（元/千克）、仔猪平均进价 ZXD（元/头）、精饲料价格 JLP（元/千克）、饲料加工费 JG（元/头）、医疗防疫费 YL（元/头）、死亡损失费 SW（元/头）、销售费用 XS（元/头）、人工成本 LP（元/头）8 个影响生猪饲养效益的因素作为解释变量，并设定年份虚拟变量 T，建立的线性回归模型为：

$$R = b_0 + b_1 PRI + b_2 ZXD + b_3 JLP + b_4 JG + b_5 YL + b_6 SW + b_7 XS + b_8 LP + T + e$$

式中：b_0 为常数项；$b_1 \sim b_8$ 为变量系数；e 为随机误差项。

（二）模型数据分析

本部分在研究各成本费用项目对生猪饲养效益的影响时，选取 2004—2017 年山东省不同规模饲养生猪的数据，并剔除数据缺失的项目，通过 SPSS 计量统计软件分别对 4 种生猪饲养规模的被解释变量净利润 R 与各解释变量进行回归分析。

1. 影响散养生猪饲养效益的因素分析

表 7-4　散养生猪饲养效益估计模型分析

解释变量	系数	t 值	显著性
截距（c）	70.262	1.15	0.302
PRI	2.124***	32.707	0.000
ZXD	−0.881***	−14.232	0.000
JLP	−282.253***	−14.738	0.000
JG	−4.612	−0.571	0.593
YL	−2.760	−0.841	0.439
SW	0.601	0.429	0.680
XS	−16.963	−1.768	0.137

（续）

解释变量	系数	t 值	显著性
LP	-0.742^{***}	-6.009	0.002
调整后的 R^2		0.996	
F 检验值		365.046	

注：*** 表示在 1％水平上显著；** 表示在 5％水平上显著；* 表示在 10％水平上显著。

从表 7-4 的回归结果可以看出，调整后的 R^2 为 0.996，接近于 1，说明模型整体拟合程度较高，模型中的变量能够较好地解释山东省散养生猪饲养效益。

PRI 的系数为 2.124，并在 1％的置信水平下显著，代表了生猪价格与散养生猪的饲养效益呈显著正相关关系，具体地说，当生猪价格增加 1％时，散养生猪饲养效益增加 2.124％。

从成本项目来看，ZXD 的系数为 -0.881，且在 1％的水平下显著，表明仔猪进价越高，散养生猪的饲养效益越低，即仔猪价格增加 1％，会引起散养生猪饲养效益降低 0.881％。JLP 的系数为 -282.253，并在 1％的水平下显著，说明精饲料价格与散养生猪饲养效益显著负相关，精饲料价格增加 1％时，散养生猪的饲养效益降低 282.253％。LP 的系数显著为负，说明人工成本与散养生猪饲养效益负相关。另外，饲料加工费（JG）、医疗防疫费（YL）、死亡损失费（SW）、销售费用（XS）的系数不显著，说明这些费用对散养生猪饲养效益不能产生显著的影响。

综上所述，山东省散养生猪养殖户应该通过控制仔猪进价与精饲料进价、控制劳动力成本等提高生猪饲养效益。

2. 影响小规模饲养生猪饲养效益的因素分析

从表 7-5 的回归结果可以看出，调整后的 R^2 为 0.994，接近于 1，说明模型整体拟合程度较高，模型中的变量能够较好地解释山东省小规模饲养生猪饲养效益。

表 7-5　小规模饲养生猪饲养效益估计模型分析

解释变量	系数	t 值	显著性
截距（c）	-62.707^{**}	-2.933	0.033
PRI	2.247^{***}	28.877	0.000
ZXD	-0.870^{***}	-8.188	0.000
JLP	-143.439^{**}	-3.686	0.014
JG	-19.756^{*}	-2.322	0.068
YL	-12.575^{**}	-3.351	0.020
SW	-0.909	-0.624	0.560
XS	35.051^{**}	3.320	0.021
LP	-2.941^{***}	-4.758	0.005
调整后的 R^2		0.994	
F 检验值		264.791	

注：*** 表示在 1% 水平上显著；** 表示在 5% 水平上显著；* 表示在 10% 水平上显著。

PRI 的系数为 2.247，并在 1% 的置信水平下显著，代表了生猪价格与小规模饲养生猪的饲养效益呈显著正相关关系，具体地说，当生猪价格增加 1% 时，小规模生猪饲养效益增加 2.247%。

从成本项目来看，ZXD 的系数为 -0.87，且在 1% 的水平下显著，表明仔猪进价越高，小规模饲养生猪的饲养效益越低，即仔猪价格增加 1%，会引起小规模饲养生猪效益降低 0.87%。JLP 的系数为 -143.439，并在 5% 的水平下显著，说明精饲料价格与小规模饲养生猪饲养效益显著负相关，精饲料价格增加 1% 时，小规模饲养生猪的饲养效益降低 143.439%。JG、YL 的系数分别在 10%、5% 的置信水平下显著为负，说明饲料加工费、防疫医疗费越高，小规模饲养生猪饲养效益越低。XS 的系数为 35.051，并在 5% 的水平下显著，说明销售费用与小规模饲养生猪饲养效益显著正相关。这可能是因为小规模饲养生猪销售费用越高，卖出的生猪数量越多，导致收入的增加大于销售费用增加引起的成本增加。*LP* 的系数为-2.941，且在 1% 的水平下显著，说明人工成本提高 1%，导致小规模饲养生猪饲养效益降低 2.941%。

通过上述分析可知，山东省小规模生猪养殖户可以通过控制仔猪进价、精饲料成本、饲料加工费、防疫医疗费与人工成本，并加强销售管理，提高销售效率与饲养效益。

3. 影响中规模饲养生猪饲养效益的因素分析

表 7-6　中规模饲养生猪饲养效益估计模型分析

解释变量	系数	t 值	显著性
截距（c）	-116.628*	-2.217	0.077
PRI	2.024***	12.678	0.000
ZXD	-0.751***	-5.678	0.002
JLP	-272.203***	-6.157	0.002
JG	-11.301	-1.233	0.272
YL	8.045	1.594	0.172
SW	1.055	0.427	0.687
XS	5.505	0.206	0.845
LP	-1.109	-1.685	0.153
调整后的 R^2		0.980	
F 检验值		82.245	

注：*** 表示在 1% 水平上显著；** 表示在 5% 水平上显著；* 表示在 10% 水平上显著。

从表 7-6 的回归结果可以看出，调整后的 R^2 为 0.980，说明模型整体拟合度较好，模型中的变量能够较好地解释山东省中规模饲养生猪饲养效益。

从各个变量的回归系数来看，*PRI* 的系数为 2.024，且通过了 1% 的显著性检验，说明平均销售价格提升 1% 时，中规模饲养生猪饲养效益会提高 2.024%。*ZXD* 的系数为-0.751，且在 1% 的水平下显著，代表了仔猪价格每增加 1%，会造成中规模饲养生猪饲养收益降低 0.751％。JLP 的系数 -272.203，且通过了 1％的显著性检验，说明精饲料价格每增加 1％，引起中规模饲养生猪饲养效益下降 272.203％。另外，从表 7-5 的回归结果可以看出，JG、YL、SW、XS 和 LP 的系数不显著，代表着饲料加工费、医疗防疫费、死亡损失费、销售费用与人工成本对中规模饲养生猪养效益的影响并不明显。

综上所述，山东省中规模生猪养殖户要通过控制仔猪成本、精饲料成本来提升生猪饲养效益。

4. 影响大规模饲养生猪饲养效益的因素分析

由于山东省大规模饲养生猪成本项目中，饲料加工费、销售费用有部分年份的数据缺失，因此在进行大规模饲养生猪饲养效益的回归分析时，去除饲料加工费与销售费用 2 个变量，采用生猪平均销售价格（PRI）、仔猪进价（ZXD）、精饲料价格（JLP）、医疗防疫费（YL）、死亡损失费（SW）、人工成本（LP）作为解释变量，大规模饲养生猪净收益（R）作为被解释变量，具体回归结果如表 7-7 所示。

表 7-7　大规模饲养生猪饲养效益估计模型分析

解释变量	系数	t 值	显著性
截距（c）	-164.115***	-4.086	0.005
PRI	2.177***	25.596	0.000
ZXD	-0.876***	-11.533	0.000
JLP	-229.530***	-7.585	0.000
YL	-1.471	-0.551	0.599
SW	0.895	0.288	0.782
LP	-1.093*	-2.165	0.067
调整后的 R^2		0.989	
F 检验值		194.850	

注：*** 表示在 1％水平上显著；** 表示在 5％水平上显著；* 表示在 10％水平上显著。

从表 7-7 的结果可以看出，调整后的 R^2 为 0.989，说明模型整体拟合程度较高。从各个变量的回归结果来看，PRI 的系数为 2.177，且通过了 1% 的显著性检验，代表生猪销售价格越高，大规模饲养生猪饲养效益也越高。ZXD 的系数为 -0.876，且在 1% 的水平下显著，表明仔猪进价越高，大规模饲养生猪饲养效益越低。JLP 的系数为 -229.53，说明精饲料价格增加 1%，大规模饲养生猪饲养效益降低 229.53%。LP 在 10% 的水平下显著为负，说明劳动力成本的上涨会造成大规模饲养生猪饲养效益的下降。此外，YL、SW 的系数没有通过 10% 的显著性水平检验，说明医疗防疫费、死亡损失费不能对山东省大规模饲养生猪饲养效益产生显著影响。

从对山东省大规模饲养生猪饲养效益的实证分析可以得出，大规模生猪养殖户应主要对仔猪进价、精饲料费、人工成本等成本项目实施严格的紧缩管理，从而保证大规模饲养生猪能够获取高额收益。

四、山东省不同饲养规模生猪饲养效益与全国效益比较分析

为分析山东省不同饲养规模的生猪饲养效益在全国所处的水平，现将山东省生猪 4 种饲养规模的每头生猪饲养效益与全国最高、最低和平均效益进行比较。这里仍采用饲养成本净收益率作为生猪饲养效益的评价指标。

(一) 农户散养生猪饲养效益比较分析

根据 2005—2018 年的《全国农产品成本效益调查资料汇编》数据，计算得出山东省及全国农户散养生猪的饲养成本净收益率（表 7-8）。

通过表 7-8 数据，可以得到 2004—2017 年山东省及全国农户散养生猪饲养成本净收益率的最高值、最低值和平均值柱状图（图 7-4）。

表 7-8 2004—2017 年山东省及全国农户散养生猪的饲养成本净收益率

单位：%

年份	全国最高	全国最低	全国平均	山东省
2004	31.89	−4.83	19.15	15.95
2005	28.64	−33.70	1.30	−1.35
2006	27.46	−25.58	12.31	16.54
2007	58.27	14.54	39.21	32.40
2008	26.54	−6.15	17.84	12.18
2009	16.25	−23.91	7.36	6.19
2010	36.73	−7.63	7.26	3.36
2011	53.27	4.18	23.95	20.27
2012	21.32	−20.71	−1.82	−3.15
2013	14.03	−24.24	−5.73	−6.35
2014	0.94	−30.77	−13.13	−13.93
2015	25.04	−19.02	−0.44	−2.25
2016	46.50	−13.37	7.99	5.69
2017	19.13	−28.51	−8.18	−12.27

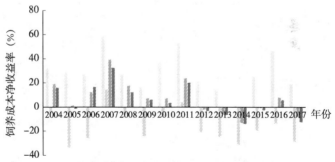

图 7-4 2004—2017 年山东省及全国农户散养
生猪饲养成本净收益率对比

由图 7-4 可以看出，山东省农户散养生猪饲养成本净收益率
远低于全国最高水平，明显高于全国最低水平，与全国平均成本较

为接近，且大多数年份数值为正值。从表 7 - 8 中数据计算得到，
2004—2017 年，山东省农户散养生猪饲养成本净收益率与全国平
均值之间的平均比值为 0.68 : 1。因此，平均而言，山东省农户散
养生猪饲养效益低于全国平均水平 32%。

（二）小规模饲养生猪饲养效益比较分析

根据 2005—2018 年的《全国农产品成本效益调查资料汇编》
数据，计算得出山东省及全国小规模饲养生猪饲养成本净收益率
（表 7 - 9）。

表 7 - 9　2004—2017 年山东省及全国小规模饲养生猪饲养成本净收益率

单位：%

年份	全国最高	全国最低	全国平均	山东省
2004	38.43	−4.74	22.57	21.23
2005	70.80	−18.65	12.88	−1.55
2006	26.94	−1.99	14.47	19.20
2007	46.57	23.93	38.21	46.88
2008	31.03	16.11	23.25	22.03
2009	18.66	4.48	12.70	13.33
2010	29.41	−0.97	11.54	8.97
2011	55.02	20.20	31.18	26.83
2012	20.54	−7.05	7.64	5.19
2013	17.45	−12.64	4.63	1.35
2014	13.84	−22.33	−2.31	−8.21
2015	28.66	−4.05	10.34	5.85
2016	42.67	−0.94	20.36	18.69
2017	20.74	−17.43	3.73	−1.84

通过表 7 - 9 数据，可以得到 2004—2017 年山东省及全国小规
模饲养生猪饲养成本净收益率的最高值、最低值和平均值柱状图
（图 7 - 5）。

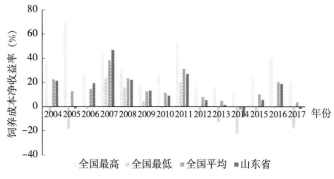

图 7 - 5　2004—2017 年山东省及全国小规模
饲养生猪饲养成本净收益率对比

　　由图 7 - 5 可以看出，山东省小规模饲养生猪的饲养成本净收益率远低于全国最高水平，明显高于全国最低水平，与全国平均水平较为接近，且除 2005 年、2014 年、2017 年为负值外其余年度均为正值。从表 7 - 9 中数据计算得到，2004—2017 年，山东省小规模饲养生猪饲养成本净收益率与全国平均值之间的平均比值为0.84∶1。因此，平均而言，山东省小规模饲养生猪的饲养效益低于全国平均水平大约 16%。

（三）中规模饲养生猪饲养效益比较分析

　　根据 2005—2018 年的《全国农产品成本效益调查资料汇编》数据，计算得出山东省及全国中规模饲养生猪饲养成本净收益率（表 7 - 10）。

表 7 - 10　2004—2017 年山东省及全国中规模饲养生猪饲养成本净收益率

单位：%

年份	全国最高	全国最低	全国平均	山东省
2004	26.93	−15.02	19.88	21.01
2005	27.45	−0.40	9.06	4.54
2006	24.90	−2.39	13.87	14.32

（续）

年份	全国最高	全国最低	全国平均	山东省
2007	43.52	28.90	38.84	42.06
2008	33.02	14.67	25.24	30.62
2009	20.61	−4.48	11.34	17.78
2010	34.64	2.46	13.61	16.70
2011	55.23	19.37	32.22	33.72
2012	33.17	−3.19	9.16	10.16
2013	21.39	−3.95	7.52	10.71
2014	16.39	−10.35	−0.44	0.29
2015	23.88	5.93	15.34	15.35
2016	37.39	9.07	23.13	24.95
2017	21.83	−17.60	8.14	7.11

通过表 7－10 数据，可以得到 2004—2017 年山东省及全国中规模饲养生猪饲养成本净收益率的最高值、最低值和平均值柱状图（图 7－6）。

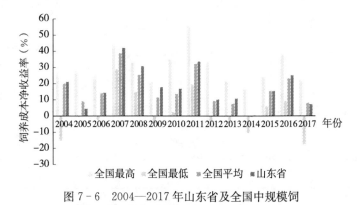

图 7－6　2004—2017 年山东省及全国中规模饲养生猪饲养成本净收益率对比

由图 7－6 可以看出，2004—2017 年山东省中规模饲养生猪的饲养成本净收益率全部为正值，除 2005 年和 2017 年相对较低外，其余年度均高于全国平均水平，2007 年、2008 年及 2009 年接近全国最高水平。由表 7 - 10 中数据计算得到，山东省中规模饲养生猪饲养成本净收益率与全国最高值之间的平均比值为 0.59∶1，与全国平均值之间的平均比值为 1.10∶1。可见，山东省中规模饲养生猪的饲养效益高出全国平均水平 10%，但低于全国最高值 41%。据此可以判定，山东省中规模生猪饲养的饲养效益大约在全国处于中上等水平。

（四）大规模饲养生猪饲养效益比较分析

根据 2005—2018 年的《全国农产品成本效益调查资料汇编》数据，计算得出山东省及全国大规模饲养生猪的饲养成本净收益率（表 7 - 11）。

表 7 - 11　2004—2017 年山东省及全国大规模饲养生猪饲养成本净收益率

单位：%

年份	全国最高	全国最低	全国平均	山东省
2004	29.48	8.60	17.55	20.98
2005	20.07	-28.18	6.68	8.35
2006	39.60	-8.65	8.87	5.51
2007	52.77	17.63	35.13	31.87
2008	32.92	16.82	23.72	32.92
2009	22.75	-10.31	10.62	15.58
2010	40.32	-3.24	10.76	16.09
2011	64.23	11.78	29.97	39.64
2012	22.34	-0.21	8.47	8.57
2013	24.99	-4.62	7.22	7.18
2014	13.64	-13.46	0.15	-3.47
2015	34.41	2.47	15.12	6.99
2016	41.39	5.25	25.17	14.76
2017	24.32	-4.33	9.01	6.54

通过表 7 - 11 数据，可以得出 2004—2017 年山东省及全国大规模饲养生猪饲养成本净收益率的最高值、最低值和平均值柱

状图 (图 7－7)。

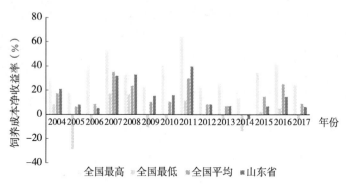

图 7－7　2004—2017 年山东省及全国大规模
饲养生猪饲养成本净收益率对比

由图 7－7 可以看出，山东省大规模饲养生猪饲养成本净收益率除 2014 年以外全部为正值，远低于全国最高水平，且明显高于全国最低水平，与全国平均水平较为接近。利用表 7－11 中数据计算得到，山东省大规模饲养生猪饲养成本净收益率与全国平均值之间的平均比值为 1.01：1。可见，山东省大规模饲养生猪的饲养效益高出全国平均水平 1％。

综合上述分析结果可见，2004—2017 年，山东省 4 种饲养规模的生猪饲养成本净收益率均远低于相应规模的全国最高值，明显高于相应规模的全国最低值。但与全国平均水平相比，中规模饲养生猪饲养成本净收益率高出 10％，大规模饲养生猪饲养成本净收益率高出 1％，小规模饲养生猪饲养成本净收益率低 16％，农户散养生猪成本净收益率则低于全国平均值 32％。

第八章 山东省生猪饲养规模的选择分析

2017 年山东省生猪出栏总量和猪肉总产量均位居全国第三位，虽然是养猪大省，但不是养猪强省。通过对山东省饲养生猪成本收益的数据分析以及与全国的比较分析发现，规模饲养与散养相比，具有明显优势，山东省的生猪饲养规模化进程在加快。为了实现山东省生猪饲养模式的转变，本部分将对山东省生猪饲养规模做出合理选择。

一、灰色局势决策法选择生猪饲养规模

本书运用灰色局势决策方法，对山东省目前或未来一段时间内的饲养规模层次水平做出战略选择。灰色局势决策法是现代管理学灰色系统理论中重要的决策方法之一，它是将事件、对策、效果、目标等决策 4 要素综合考虑的一种决策分析方法。

二、模型的构建与数据分析计算

利用灰色局势决策法，本书中的事件为确定适合山东省生猪饲养的适宜模式，以 a_1 表示；本书中对策有散养模式、小规模饲养模式、中规模饲养模式和大规模饲养模式，分别以 b_1、b_2、b_3 和 b_4 表示。

（一）构造局势

各个事件与对策相互匹配可得到如下局势：

$s_{11} = (a_1，b_1) = （山东整体，农户散养模式）$

$s_{12} = (a_1，b_2) = （山东整体，小规模饲养模式）$

$$s_{13}=(a_1，b_3)=（山东整体，中规模饲养模式）$$
$$s_{14}=(a_1，b_4)=（山东整体，大规模饲养模式）$$

（二）确定目标

基于上述理论分析，饲养生猪的品种、资源投入条件、饲料市场和产品市场的完善程度、产品的需求规模是影响生猪饲养规模选择的主要因素。基于数据的可获得性，本书选取仔猪质量作为生猪品种的替代变量，生产成本和用工天数作为资源投入条件的替代变量，精饲料量、产品产值和净利润作为饲养市场和产品市场完善程度的替代变量，主产品产值作为产品的市场需求规模的替代变量。根据 2005—2018 年的《全国农产品成本收益资料汇编》，得到山东省 4 种饲养规模的各指标平均值（表 8 - 1）。

表 8 - 1　生猪不同规模饲养指标平均值

项目	农户散养	小规模饲养	中规模饲养	大规模饲养
主产品产量（千克/头）	112.78	112.18	112.45	107.57
产品产值（元/头）	1 501.16	1 493.57	1 500.99	1 452.65
生产成本（元/头）	1 349.07	1 269.92	1 252.69	1 225.95
净利润（元/头）	72.25	176.87	202.66	185.47
精饲料量（千克/头）	257.84	264.52	269.73	252.96
仔猪质量（千克/头）	28.56	28.79	27.20	28.44
用工天数（日/头）	5.45	2.60	2.13	1.02

本决策主要考虑以下目标：

目标 1：生猪主产品产量。它指的是每头生猪的肉猪活质量，在品种和养殖时间一定的情况下，一定程度上反映出不同养殖方式的优劣，从产品效益和质量的角度考虑，该值的目标水平为适度值。

目标 2：每头生猪主产品的产值。它直接影响了人们对于生猪养殖行业的热情，该值的目标值为尽可能大。

目标 3：每头生猪的生产成本。该值的最小化是获得最大饲养效益的前提，因此，该值应尽可能小。

目标 4：每头生猪净利润。获得较大的利润是养殖的最终目标，该目标是生猪饲养业发展的基础，该目标值应尽可能大。

目标 5：每头生猪耗用的精饲料量。它是影响生产成本的主要因素之一，同时在生猪品种和质量一定的条件下，它的大小与不同养殖模式下的饲料转化率有一定的关系，该目标值应尽可能小。

目标 6：每头生猪的仔猪质量。它是影响生产成本的主要因素之一，该目标值为适度值。

目标 7：每头生猪的人工用量。它是影响生产成本的主要因素之一，每头生猪用工量的高低反映了一个地区生猪饲养技术的现代化水平，根据我国的具体情况，该目标值因尽量小。

（三）目标的白化值

根据表 8-1 确定不同饲养规模各目标的白化值（表 8-2）。

表 8-2 不同饲养规模各目标下 u_{ij} 的白化值

项目	农户散养	小规模饲养	中规模饲养	大规模饲养
目标 1	112.78	112.18	112.45	107.57
目标 2	1 501.16	1 493.57	1 500.99	1 452.65
目标 3	1 349.07	1 269.92	1 252.69	1 225.95
目标 4	72.25	176.87	202.66	185.47
目标 5	257.84	264.52	269.73	252.96
目标 6	28.56	28.79	27.20	28.44
目标 7	5.45	2.60	2.13	1.02

（四）计算各目标的效果测度，确定决策矩阵

（1）目标 1 采用适度效果测度计算，可得如下决策矩阵：

$$M^{(1)} = \left[\frac{r_{11}^{(1)} \; r_{12}^{(1)} \; r_{13}^{(1)} \; r_{14}^{(1)}}{s_{11} \; s_{12} \; s_{13} \; s_{14}}\right] = \left[\frac{0.700 \; 0.704 \; 0.703 \; 0.734}{s_{11} \quad s_{12} \quad s_{13} \quad s_{14}}\right]$$

（2）目标 2 采用上限效果测度计算，可得到如下决策矩阵：

$$M^{(2)}=\left[\frac{r_{11}^{(2)}\ r_{12}^{(2)}\ r_{13}^{(2)}\ r_{14}^{(2)}}{s_{11}\quad s_{12}\quad s_{13}\quad s_{14}}\right]=\left[\frac{1\quad 0.995\ 0.999\ 9\ 0.968}{s_{11}\quad s_{12}\quad s_{13}\quad s_{14}}\right]$$

（3）目标 3 采用下限效果测度计算，可得如下决策矩阵：

$$M^{(3)}=\left[\frac{r_{11}^{(3)}\ r_{12}^{(3)}\ r_{13}^{(3)}\ r_{14}^{(3)}}{s_{11}\quad s_{12}\quad s_{13}\quad s_{14}}\right]=\left[\frac{0.909\ 0.965\ 0.979\ 1}{s_{11}\quad s_{12}\quad s_{13}\quad s_{14}}\right]$$

（4）目标 4 采用上限效果测度计算，可得如下决策矩阵：

$$M^{(4)}=\left[\frac{r_{11}^{(4)}\ r_{12}^{(4)}\ r_{13}^{(4)}\ r_{14}^{(4)}}{s_{11}\quad s_{12}\quad s_{13}\quad s_{14}}\right]=\left[\frac{0.357\ 0.873\ 1\ 0.915}{s_{11}\quad s_{12}\quad s_{13}\quad s_{14}}\right]$$

（5）目标 5 采用下限效果测度计算，可得如下决策矩阵：

$$M^{(5)}=\left[\frac{r_{11}^{(5)}\ r_{12}^{(5)}\ r_{13}^{(5)}\ r_{14}^{(5)}}{s_{11}\quad s_{12}\quad s_{13}\quad s_{14}}\right]=\left[\frac{0.981\ 0.956\ 0.938\ 1}{s_{11}\quad s_{12}\quad s_{13}\quad s_{14}}\right]$$

（6）目标 6 采用适中效果测度计算，可得如下决策矩阵：

$$M^{(6)}=\left[\frac{r_{11}^{(6)}\ r_{12}^{(6)}\ r_{13}^{(6)}\ r_{14}^{(6)}}{s_{11}\quad s_{12}\quad s_{13}\quad s_{14}}\right]=\left[\frac{0.700\ 0.695\ 0.735\ 0.703}{s_{11}\quad s_{12}\quad s_{13}\quad s_{14}}\right]$$

（7）目标 7 采用下限效果测度计算，可得如下决策矩阵：

$$M^{(7)}=\left[\frac{r_{11}^{(7)}\ r_{12}^{(7)}\ r_{13}^{(7)}\ r_{14}^{(7)}}{s_{11}\quad s_{12}\quad s_{13}\quad s_{14}}\right]=\left[\frac{0.187\ 0.392\ 0.479\ 1}{s_{11}\quad s_{12}\quad s_{13}\quad s_{14}}\right]$$

（五）计算多目标的局势综合效果测度，确定综合决策矩阵

取目标 1 至目标 7 的权重值 $a_1=a_2=a_3=a_4=a_5=a_6=a_7=1/7$，将其带入公式 $r_{ij}=\dfrac{1}{q}\sum\limits_{p=1}^{q}r_{ij}^{(p)}$ 计算，可得多目标的局势综合效果测度，其相应的矩阵为：

$$M=\frac{1}{7}\left[\frac{\sum\limits_{p=1}^{7}r_{11}^{(p)}\ \sum\limits_{p=1}^{7}r_{12}^{(p)}\ \sum\limits_{p=1}^{7}r_{13}^{(p)}\ \sum\limits_{p=1}^{7}r_{14}^{(p)}}{s_{11}\quad s_{12}\quad s_{13}\quad s_{14}}\right]=\left[\frac{0.691\ 0.797\ 0.833\ 0.903}{s_{11}\quad s_{12}\quad s_{13}\quad s_{14}}\right]$$

三、决策

无论按行决策还是列决策，都可以得出适合山东省生猪饲养的

最优局势。通过多目标局势综合效果测度可以得出，农户散养生猪的综合效果测度为 0.691；小规模饲养生猪的综合效果测度为 0.797；中规模饲养生猪的综合效果测度为 0.833；大规模饲养生猪的综合效果测度为 0.903。由此可以看出，大规模饲养模式为山东省生猪养殖的最优局势。

第九章 结论与建议

一、研究结论

本书第五章和第七章对山东省不同饲养规模生猪的饲养成本和效益数据进行了系统分析，分析得出如下结论：

（一）成本分析结论

（1）2004—2017 年山东省 4 种规模饲养生猪饲养成本与全国比较，均处于全国平均水平，与全国先进水平相比，尚有很大差距，山东省生猪饲养成本还有较大的降低空间。以"（山东饲养成本－全国先进饲养成本）/全国先进饲养成本"公式分别计算不同生猪饲养规模的饲养成本与全国先进饲养成本之间的差距，差距范围为 3%～53%。

（2）2004—2017 年山东省 4 种规模饲养生猪饲养成本比较，农户散养最高，小规模饲养、中规模饲养次之，大规模饲养最低。

（3）2005—2017 年山东省 4 种规模饲养生猪饲养成本均经历了 5 次较大幅度的变动：2005—2006 年，不同规模的生猪饲养成本均降低，平均降低 5.96%；2006—2008 年，不同规模的生猪饲养成本均大幅上升，平均上升 34.21%；2008—2009 年，不同规模的生猪饲养成本均大幅降低，平均降低 14.67%；2009—2016 年，不同规模的生猪饲养成本几乎均呈上升趋势，平均上升 8.19%；2016—2017 年，不同规模的生猪饲养成本均下降，平均下降 5.64%。

（4）对 2005—2006 年、2006—2008 年、2008—2009 年、2010—2016 年、2016—2017 年 5 个饲养成本变动幅度较大的时间

段进行具体成本项目的分析发现，通常情况下，仔畜费用和精饲料费的增减变动是造成饲养成本大幅波动的最主要因素，青粗饲料费、医疗防疫费、死亡损失费和人工成本的变动则对生猪饲养成本的影响较小；当饲料价格上涨时，仔畜费用和精饲料费都会明显上升，生猪饲养成本会出现大幅度上升；当生猪饲养期间爆发大规模疫病时，生猪死亡损失费、医疗防疫费会使生猪饲养成本出现大幅度上升。

（5）结合实际调查还有进一步的结论，农户散养的仔畜费用较低而大规模饲养的仔畜费用较高，这是由二者所选用仔猪品质的差异造成的；规模饲养生猪自繁自养，仔猪费用受母猪产子率、仔猪成活率2个重要因素的影响，进而影响生猪饲养成本。

（6）4种不同饲养规模的人工成本随饲养规模的增大呈现递减趋势，即规模化养殖能够充分发挥经营杠杆的作用。

（7）生猪价格会随成本上升而上升，上升的生猪价格反过来刺激农民的养猪积极性，造成生猪饲养规模不断扩大，供过于求的局面日渐形成，生猪饲养成本与价格逐渐下降，供求规律、经济的循环波动规律在生猪饲养业中同样起作用。

（8）除了市场环境的影响外，中央和地方各级政府出台的一系列稳定市场的政策措施，也对生猪饲养成本产生一定影响，但受生猪饲养周期的限制，这些措施往往具有滞后性。

（二）效益分析结论

（1）2004—2017年山东省4种生猪饲养规模每头生猪收入进行比较，中规模最高，小规模饲养次之，大规模饲养再次之，农户散养最低；4种生猪饲养规模每头生猪收入变动趋势基本相同。

（2）2004—2017年山东省4种生猪饲养规模饲养成本净收益率进行比较，中规模饲养最高，其次为大规模饲养和小规模饲养，农户散养最低；饲养成本净收益率与每头生猪收入的差异在于，饲养成本净收益率考虑了投入产出比，能够更好地反映生猪的饲养效益。

（3）2004—2017 年山东省 4 种生猪饲养规模饲养成本净收益率与全国比较，中规模饲养生猪饲养成本净收益率高于全国平均水平 10%，大规模饲养的生猪饲养成本净收益率高于全国水平 1%，小规模饲养的生猪饲养成本净收益率低于全国平均值 16%，而农户散养的生猪饲养成本净收益率则低于全国平均值 32%。

（三）规模选择分析结论

（1）通过多目标局势综合效果测度可以得出，大规模饲养模式为山东省生猪养殖的最优饲养规模，其次是中规模饲养，再次是小规模饲养，农户散养最不可取。

（2）与农户散养相比，规模化养殖更优。在灰色局势决策分析法中，农户散养的综合效果测度为 0.691，小规模饲养的综合效果测度为 0.797，中规模饲养的综合效果测度为 0.833，大规模饲养的综合效果测度为 0.903。规模化养殖的综合测度均大于 0.7，优于农户散养的综合测度，说明规模化养殖的效益比农户散养的效益更佳。

（3）规模化养殖比例在逐步扩大，规模化养殖将成为山东省生猪养殖的主导力量。但是山东省的生猪养殖以发展大、中规模饲养为主，而小规模饲养的重要性也是不能忽视的，在散养户向规模饲养发展过程中进行科学过渡是非常重要的。因此，在未来一段时间山东省应大力发展大规模饲养，适度发展中小规模饲养，努力引导农户散养逐步向规模饲养过渡。

（四）综合结论

利用《全国农产品成本效益调查资料汇编》的数据进行计算和分析，2004—2017 年山东省生猪规模饲养的成本效益优于农户散养，因此，山东省生猪饲养业可以鼓励发展规模养猪场。在规模饲养中，随着生猪饲养规模的扩大，饲养效益随之增加，其中，大规模饲养效益比农户散养、小规模饲养、中规模饲养效益突出。由此可见，规模化生猪饲养模式应是山东省生猪饲养业未来发展的方向。山东省应适度扩大生猪养殖户的生猪饲养规模，使劳动力生产要素配置趋向合理，从而实现在充分利用剩余及边际劳动力的同时，实现降低单位生猪的人工成本，充分发挥规模化、集约化、标准化生猪饲养的低成本优势，提高生猪养殖收益。

为了适应山东省资源条件、环境保护的需要，山东省已经采取措施限制农户散养，改造形成了一大批小规模养殖场（户），应继续加强政策引导与支持，使规模饲养得到健康稳定发展，避免资源过载、环境污染，使山东省生猪养殖产业可持续健康发展。

二、政策建议

（一）综合政策建议

根据《全国生猪优势区域布局规划（2008—2017）》的划分，山东省处于中部生猪优势区，应着力发展健康养殖，稳定提高调出能力。为了确保生猪生产平稳增长，保障基本供给，需要大力推行规模化经营、标准化生产和组织化管理，同时应减少外部环境冲击，使生猪饲养业逐渐步入良性循环的轨道。这主要应从以下9个方面进行努力：

1. 降低生猪饲养成本、提高饲养效益

生猪饲养业是保障我国食物安全的基础产业，具有"猪粮安天下"的战略地位。未来我国猪肉需求总量仍将持续刚性增长，但受资源环境制约、基础设施与服务体系不健全、产业化程度低、生猪疫病防控形势严峻和产业保护机制不完善等多种因素影响，生猪产业已进入高成本、高风险的"微利时代"，为确保生猪生产持续稳定健康发展，我们需要在多个方面加强努力。

（1）加强良种繁育系统建设，提高种猪质量以及母猪繁殖性能。通过分析得出结论，仔畜费用是生猪饲养成本的主要构成项目之一，对生猪养殖的成本效益有重大影响。农户散养的仔畜费用较低而大规模饲养的仔畜费用较高，是由二者所选用仔猪品质的差异造成的；规模饲养生猪自繁自养，仔畜费用受母猪产子率、仔猪成活率 2 个重要因素的影响,进而影响生猪饲养成本。规模养猪场的饲养效益普遍优于农户散养的饲养效益,在很大程度上是因为规模养猪场选用的生猪品种比农户散养选用的生猪品种更为优良。生猪生产性能的高低受遗传、营养和环境三大因素的影响,其中遗传因素是内在的、决定生猪生产性能高低的最根本因素。要完善现有种猪场,配套建设原种场、扩繁场、种公猪站,加强良种繁育系统建设,提高种猪质量以及母猪繁殖性能。

(2) 良种是生猪养殖标准化的基础。养猪场要达到预期生产目的,获得最大的经济效益,首先应当注意选用优良种猪。加强良种繁育体系建设,加快生猪良种化进程需要政府加大补贴力度,扩大补贴范围,对生猪良种场建设和开展人工授精所需的良种猪精液给予补贴。进一步增强良种供给能力,强化遗传资源保护利用可以以企业为主体,将科研、教学与推广相结合,推进生猪优良品种选育,并及时开展技术培训。一方面要重点支持建设一批高起点、规模大的生猪原种场、种公猪站、扩繁场和精液配送站,扶持生猪遗传资源保护场、保护区和基因库的基础设施建设,建设种猪生产性能测定中心和遗传评估中心,培育一批潜力大、有地方特色的品种;另一方面也要提高母猪的繁殖性能,指导养殖户强化对母猪的饲养管理,推行分阶段饲养,科学配制日粮配方,准确开展妊娠诊断,适时进行配种,减少母猪非生产天数,提高母猪年产断奶仔猪头数;推广仔猪早期断奶饲喂技术,降低断奶应激,提高仔猪成活率,从而降低饲养成本,提高饲养效益。

(3) 保障饲料质量安全,稳定饲料价格,降低饲养成本。饲料费用是生猪饲养成本的重要组成项目之一,占每头生猪饲养成本的 50% 左右,对生猪的饲养成本有重大影响。饲料的安全卫生状况与价格波动状况会直接影响生猪的养殖安全与效益。因此,有关部门一方面应按照统一协调、突出重点、各有主攻、优势互补的原则,着力加强饲料质量安全保障能力建设,重点进行饲料安全评价基地、饲料安全检测和饲料安全监督执法等工程项目建设,建立安全评价、检验检测、监督执法三位一体,部、省、市、县职能各有侧重的饲料安全保障体系，基本满足饲料管理部门依法履行饲料质量安全职责、保障生猪生产源头安全的需要。另一方面，做好中央储备玉米对销区的调运和拍卖工作，严格控制饲料价格上涨，降低生猪的饲养成本。同时，饲料价格的稳定对于稳定生猪饲养成本也有着重要的作用，政府应引导养殖场（户）与饲料加工企业（至少以年为单位）建立稳定的饲料供给关系，以防止饲料价格变动对生猪饲养成本的影响。养殖场（户）在饲喂生猪时要提高饲料配制的科学合理性，因地制宜，通过日粮平衡和科学使用饲料添加剂等技术，扩大能量饲料和蛋白质饲料的选择面，降低日粮配制成本。在使用饲料添加剂时，应按照缺什么补什么、缺多少补多少的原则，合理添加各种营养性添加剂，以实现促进生猪生长和提高饲料利用率的目的。

（4）关注猪饲料业发展，为培育良种奠定基础。饲料业是畜牧业发展的基础，上连种植业，下连饲养业，是实现农产品有效增值的关键环节。山东省应大力发展饲料加工业，提高饲料和饲料添加剂生产企业准入门槛，着力规范饲料生产企业，坚决淘汰不合格企业，巩固山东省在生产成本方面的优势。一方面，生猪业的持续健康发展离不开饲料原料的稳定供给，要摆脱有限资源的制约，只有通过发展新技术实现开源节流。山东应积极组织科研单位、饲料加工企业研究生猪饲料原料代用品加工技术，以替换成本较高、供求不足的传统饲料原料，建立一批具有带头作用的大型饲料加工企业，完善饲料加工行业产业链，整合饲料加工行业中技术低、成本高的小型加工企业，提高饲料加工行业的生产效率，建立山东省自己的饲料供给渠道。另一方面，要提高饲料转化率，降低每千克猪肉饲料的消耗量，不失为在饲料价格不断攀升下控制生猪饲养成本的重要举措。提高饲料转化率要以下3项措施共同实行：

第一，通过科学投放等方法为生猪生长提供充足的营养。投喂量不够，生猪的生长量就会减少，就延长了生猪的出栏时间，降低了饲料的转化率，提高了生产成本。养殖场应制定一套有效的监控措施，严格监控饲料的加工生产，详细记录饲料收发。

第二，制定严格的猪场管理办法，做到生猪的适时出栏和淘汰。生猪超出最佳出栏时间也会降低饲料转化率，提高饲养成本。

第三，做好生猪疫病的防控工作，疫病带来的隐形饲料浪费是导致饲料转化率低的主要因素。

（5）加强标准化养殖基地建设。大力发展养殖大户，推行规范化、标准化生产，实现粪便排放的减量化、资源化和无害化。标准化生产，就是在场址布局、栏舍建设、生产设施设备、良种选择、投入品使用、卫生防疫、粪污处理等方面严格执行法律法规和相关标准的规定，并按程序组织生产的过程。传统养殖模式存在良种普及率不高、饲养环境差、饲喂方法落后、消毒和疾病防治不严格、环境污染严重、规模化产业化程度较低等问题。这些问题导致传统养殖模式的市场控制能力较差、生产效率低下，与发达国家相比，药物残留多，质量较差。标准化养殖模式推广的是"四良"配套的标准化生猪养殖技术。"四良"是指"良种、良料、良舍、良法"，也就是选取优良猪种，提供猪只生长发育的最佳环境设施，饲喂高品质无公害标准饲料，采用统一标准的饲养管理和疾病控制技术，以生产出"安全、优质、新鲜"的猪产品，实现低成本、高效率、高效益的养殖目的。标准化规模养殖是现代生猪饲养业的发展方向。推进标准化生产是提高生猪养殖水平，确保生猪产品质量安全的关键。积极推广标准化规模养殖需要政府加大政策支持引导力度，按照"畜禽良种化、养殖设施化、生产规范化、防疫制度化、粪污处理无害化"的要求，加强关键技术培训与指导，深入开展生猪养殖标准化示范创建工作。进一步完善标准化规模养殖相关标准和规范，特别重视生猪养殖污染的无害化处理与生猪疫病的防治，降低生猪养殖风险。因地制宜地推广生态种养结合模式，实现粪污资源化利用，建立健全生猪标准化生产体系。

2. 转变饲养模式，发展适度规模饲养

饲养成本不断攀升逐步侵蚀养殖利润，加之疫病频发，养殖风险加剧，部分散养户退出生猪养殖。生猪规模饲养在降低成本、抵抗风险、防控疫病等方面更具有优势，规模饲养也更有利于采用先进的饲养技术、科学的管理提高生猪生产水平，提高饲养效益。虽然散户退出成为不可逆转的趋势，但是目前生猪饲养也仍以散户饲养为主，山东省应从实际出发，从技术、环境和资金可行性出发，逐步引导散养向适度规模化饲养转变。

（1）发展生猪产业，促进生猪饲养规模化发展。龙头企业带动型是生猪产业化发展的重要出路，也是我国目前应用最广泛、时间最长的基本组织模式。生猪产业化有利于促进生猪饲养向适度规模发展和提高生猪饲养的专业化、集约化经营水平。①解决个体生产与市场的脱节。把生猪生产、收购、加工、储存、运输、销售等一系列环节紧密联系起来，有效解决个体生产与市场脱节问题。②降低生产成本，提高农民收入。生产、加工、销售直接联结和在不改变原有经营的情况下，扩大了区域规模，既调动了养殖户生产的积极性，又可以充分发挥规模效益，降低饲养成本。在专业化生产体系中，猪肉加工企业或猪肉直销部门，为了获得批量、稳定和高质量的货源，会推动生猪生产基地规模化生产，而农户借助龙头企业的配套服务，可以扩大生产能力，获得规模效益。山东省应充分发挥龙头企业的带动作用，充分利用"公司＋农户"这一基础组织模式，鼓励龙头企业建设标准化生产基地，带动农户发展生猪饲养业。

（2）鼓励发展专业化合作组织，带动养殖户积极性。通过专业合作组织，农户可以降低单独购买饲料、药品、打料机等生产资料所必须支付的成本消耗，降低饲养成本；专业化合作组织可以充分发挥其在技术推广、行业自律、维护保障、市场开拓等方面的作用，降低单个农户提高技术水平的成本。政府要鼓励农户建立生猪养殖合作社，规范合作社的运作，为专业合作组织开展加工、运输、销售、生产资料供应、技术培训与推广等提供优惠政策，增加合作社的市场话语权。

（3）创新生猪饲养业信贷模式，为向规模饲养转变提供资金便利。生猪规模化饲养是降低饲养成本、增强抗风险能力的一大重要出路。生猪饲养业尤其是规模饲养为资本密集型产业，饲养模式的转变需要大量资金作支撑。近几年政府要求农村信用社、农业银行等相关金融机构积极创造条件、放宽贷款政策，支持生猪规模饲养的发展，但由于当前生猪饲养业面临自然风险、技术风险、销售风险、信用风险和抵押风险等种种风险，银行基于贷款收回的风险性及利益驱使的影响，对农户进行规模饲养贷款的优惠政策支持只是流于文件形式。缺少资金支持成为生猪饲养业饲养模式转变的一大障碍。解决农户养猪贷款难，是引导生猪饲养业向规模化、集约化方向加快发展的重要举措。山东省要加大金融支持力度，创新信贷担保抵押模式和担保机制。

生猪业贷款难的原因是多方面，但最根本的是缺乏行之有效的抵押物。高青县黑牛养殖户以黑牛为抵押物，通过"抵押＋担保"的方式贷款，获得了比以往额度更高的贷款。山东省生猪饲养业可以效仿高青县动产抵押模式，扶持生猪业龙头企业成立担保公司，为生猪养殖场（户）提供贷款担保，以商品猪作为抵押物，获得生猪业规模扩张所需资金。以商品猪作为抵押物，首先要为商品猪投保，以解决银行放贷的后顾之忧。总结对能繁母猪的保险经验，不断创新保险产品，以满足农户不同层次的需求。加大宣传力度，充分调动基层政府的作用，通过广播、电视、宣传单和招贴画、保险工作人员的亲自讲解等多种途径，让农户了解参保的重要性，提高农户参保意识，扩大保险的覆盖范围。不断规范信贷的操作行为，按照《农村信用合作社农户小额信用贷款管理指导意见》做好农户的评级授信工作，制定农户信用评价体系。加强农户信用的动态管理，及时了解农户饲养状况，以调整农户信用等级。通过试点，不断改善商品猪抵押贷款中存在的问题，使养殖户通过抵押贷款模式获得发展所需资金。

3. 扶持龙头企业技术改造和升级，扩大加工能力，提高产品质量

转变生猪养殖方式的动力来自市场，开拓市场的主要力量是畜产品加工龙头企业。龙头企业具有较强的市场竞争能力和重要的示范带动力量，能够极大地提高畜牧业的组织化程度，是引导农民发展现代农业的重要组织力量。政府应积极鼓励龙头企业建设标准化生产基地，采取"公司＋基地＋农户"的生产经营模式，通过利益联结机制实现产销和服务的对接，通过与养殖场（户）签订购销合同，组织农户按标准和合同规定安排饲养，规避市场风险，实现企业与养殖户双赢的局面。财政上应较大幅度地增加对龙头企业的投入，大力引进和培育猪肉制品加工龙头企业，推行猪肉制品加工分级管理制度。对符合条件的龙头企业的技改贷款，可给予财政贴息，扶持猪肉制品加工企业改善生产和技术条件，提高产品精深加工水平，不断延伸和拓展产业链条，增加附加值，提升市场竞争力。对龙头企业为农户提供培训、营销服务，以及研发引进新品种新技术、开展基地建设和污染治理等，可给予财政补助。完善猪肉制品加工业增值税政策，减轻猪肉制品加工企业税负。不管是哪种所有制和经营形式的龙头企业，只要能带动农户，与农户建立起合理的利益联结机制，给农民带来实惠，都要在财政、税收、金融等方面一视同仁地给予支持。

积极培育各类行业协会、专业合作社，为专业合作组织开展加工、运输、销售、生产资料供应、技术培训与推广等制定优惠政策，充分发挥其在技术推广、行业自律、维权保障、市场开拓等方面的作用，增强市场话语权；建立互助互保互促机制，强化培训和引导，带动散养户和中小规模饲养户发展。支持有条件的生猪养殖户自创品牌，提升产品附加值；鼓励规模养殖场（户）与大中型超市、屠宰加工企业建立直接的产销对接关系，完善产加销利益联结机制，通过把千家万户的小生产与统一开放的大市场联系起来，进行统一生产、统一管理和统一服务，提高组织化程度，加快养殖方式向现代化转变。

4. 加强建设动物疫病防控工程

根据对生猪饲养成本的分析，生猪疫病医疗防疫费占生猪饲养成本的比重较小，对生猪饲养成本变动影响不大，但疫病不仅仅带来医疗防疫成本、生猪死亡成本的增加，同时也会降低饲料转化率，推高生猪的饲料成本，疫病的扩散也会对养殖场带来灾难性的后果。因此，为实现降低成本、提高饲养效益的目的，需要重视对生猪疫病的防控措施，尤其是对母猪疾病的防疫。引导养殖户在疫病防治上改变传统观念，实现从治疗向预防、从预防向保健的重大转变。建立预防为主，免疫与扑杀相结合的生猪疫病公共防控体系。

（1）提高养殖场（户）的疫病防治意识。农户散养、小规模饲养及部分中规模饲养生猪卫生条件都较差，没有严格的隔离消毒措施，缺乏生猪疫病防治的专业知识，对疫病的防治不到位，为疫病的扩散提供了条件，在疫苗的利用上无法达到正规大厂的效果，疫病来临时，损失比较大。政府要定期举行疫病防控知识培训，利用多种宣传途径，以通俗易懂的语言讲述常见疫病的防控与治疗措施，促使农户对生猪疫病从以经验为主防治向科学防治转变，提高农户疫病防控意识，克服对疫病的畏惧心理。养殖场（户）在饲养的各个阶段应加强防治措施：坚持自繁自养的原则，拒绝购买不合格仔猪；按免疫程序实施各个阶段的防疫注射，并适时做好疫病监测工作，一旦发现疫情，应及时采取无害化处理；养殖小区和规模化养殖场要有配套的防疫、消毒、疫病诊断和无害化处理设施，认真做好猪舍的环境卫生和清洁消毒工作。猪舍、饲养用地、用具、饲槽、产床等需要每天清扫、洗刷，每周至少消毒1次，同时做好灭鼠灭蝇工作，提高疫病的控制和预防能力。

（2）落实好生猪疫病防控工作。实施生猪疫病防控工程应建立健全生猪防疫、监测、检疫监督体系，建立生猪疫情风险评估和预警预报机制，建立畜牧兽医与卫生管理部门信息沟通和联防联控机制，积极开展对重大人猪共患病的净化行动。加强生猪隔离场和病死生猪无害化处理场的建设，加强生猪疫病可追溯体系建设，不断调整财政资金结构，加大财政支持力度，逐年增加预算，完善生猪防疫、检疫和监督基础设施建设，将重大生猪疫病防控所需疫苗、耗材、人工、监测及应急物资储备经费列入省市县财政预算；提高因防疫需要而扑杀的生猪的补助标准，做到病死猪坚决不宰杀、不食用、不出售、不转运，坚决进行无害化处理。完善重大生猪疫情应急预案，落实队伍、资金、技术、物资储备，提高应急反应能力。规范基层畜牧兽医站，加强基层防疫人员队伍建设，为基层防疫人员提供较为充足的经费、提高工资待遇，不断强化相关业务与技术培训，提高职业素养，稳定基层防疫队伍，充分发挥基层防疫人的基础作用。

5. 建立监测预警体系，加强信息指导，及时应对化解生猪饲养业市场风险

生猪饲养成本以及生猪价格的大幅波动，不仅是生猪疫病暴发的结果，往往还存在养殖户缺乏市场信息，盲目地扩大或缩小饲养规模，造成市场供求不平衡的原因。因此要实现生猪饲养业的稳定健康发展，应逐步建立起准确高效的生产和市场信息监测调度系统，健全监测工作的各项管理制度，强化形势分析，完善信息发布服务和预警机制，各级财政部门应充分发挥相关部门的资源优势，加强对猪肉等副食品生产、需求和价格的监测，进一步完善猪肉制品价格月报制度，建立健全猪肉制品生产的统计、监测制度，密切关注市场变化，加强监测和趋势分析，及时发布市场信息，引导农民正确认识市场形势，指导养殖户合理安排生产，克服惜售心理，避免集中上市造成的不必要的损失，并为宏观调控提供决策依据，以达到防范市场风险的目的。生猪产业信息化是理论与实际工作者都需要关心和切实研究的一个重要课题。

6. 建立和完善生猪市场调控机制

建立和完善以储备制度为基础的防止生猪价格过度下跌的调控机制和保障市场供应机制，充分发挥储备调控市场的作用，积极应对市场周期性波动，有效维护生产者、消费者和经营者的合法权益。生猪生产周期性强，特别是随着规模化养猪比重逐步提高，波动周期越来越短。国家有必要强化调控手段，从容应对突发事件和市场波动，保障猪肉及其制品稳定供应。在供应相对稳定后，尚未建立猪肉等副食品储备的地方，要视情况尽快建立起地方储备制度；已经建立起地方储备制度的，要根据调控需要进一步加以完善，适当增加储备规模，科学安排储备品种，合理调整储备结构和布局，逐步形成中央与地方上下联动、合力调控的格局，更好地稳定生猪生产与市场供应，保障养殖户的合理收益。

7. 培养适应现代生猪业发展的高素质农民，改善管理水平

规模养殖场的饲养效益要优于农户散养的饲养效益，除了规模效益以及先进生产技术的优势外，饲养人员的成本控制意识以及养殖技术也是造成这种差距的重要因素。因此，要改善散养户的饲养效益，提高生猪饲养业的整体效益水平，充分发挥农民的主体作用，就要着力培养一批符合现代生猪饲养业需要的高素质农民。这种对于高素质生猪饲养业人才的需求，随着标准化规模养殖的不断推进变得日渐强烈。培养高素质生猪饲养业人才要充分利用农村实用技术培训、阳光工程、畜禽标准化养殖示范创建等平台，切实加强农民的生猪饲养技术培训，提高农民的饲料生产、生猪养殖、成本控制意识和经营管理水平。

（1）提高养殖户的管理水平。目前，众多的中小养殖场（户）管理较为混乱，养殖户由于没有接受过系统的专业知识的培训，大多参照书本或是借鉴以往养殖经验加上自己的想法来设计，缺乏专业管理知识。并且中小规模养殖场工作较为繁重，农户系统学习的机会较少，虽有成本控制的意识，但不能建立较为有效的成本控制体系。政府应定期举办养殖场管理知识讲座，对农户进行专业的、系统的管理知识的培训，更新农户陈旧的管理观念，使他们在实际管理工作中能够把遇到的问题与先进的管理理念相结合，提高实际工作中管理的效率。

（2）提高饲养人员成本控制意识。作为生猪饲养最前线的饲养人员，对于加强养猪场成本控制具有重要的作用。养猪场应制定更有吸引力的工作条件，吸收一定专业知识的养殖人员进入猪场，以带动整个养殖场的工作水平。政府也应定期举办以提高饲养技术水平为主的知识讲座，在提高饲养人员技术水平的同时，提高饲养人员的综合素质，使饲养人员在成本控制方面的作用发挥出来。

8. 降低保证生猪质量的其他物资费用的成本

由于物价上涨，保证生猪正常生长所需的水电、燃料、工具材料、医疗防疫等物质和人工费用均有所上涨，虽然这些费用在生产成本中所占比重较少，但也不能忽视其在成本控制中的作用，这也是控制饲养成本的途径之一。养殖场（户）应尽快转变养殖方式，改变传统的粗放饲养模式，向适度规模化、生态养殖道路转变，提高养殖场机械化率，减少人工投入，降低能源消耗。

9. 成本、效益数据统计工作需要进一步改进，逐步实现信息化养殖

随着数据资源在管理中的作用越来越大，数据信息管理也越来越得到重视，从山东省与全国生猪饲养成本效益统计资料分析可以看出，近几年成本项目指标正在发生一些变化，而且从成本管理的角度，成本核算方法也已经发生了很大的变化，理论研究成果也不断增多，特别需要农产品成本、效益统计资料的统计口径、细致程度、科学划分等也随之改变，以便能及时发现影响成本效益的因素变动，及时应用于生产实践，以达到为生产实践服务的目的。尤其是随着信息技术的发展以及在生产经营中的应用，逐步实现生猪养殖的信息化成为必然，在农业中生猪饲养行业应该是大数据应用的领先行业。而大数据系统的建立是一个系统工程，不可能一蹴而就，需要做好信息产权及其实现的基础研究，做好产业的基础信息管理工作，需要反复调研以后进行顶层设计、总体规划，需要会计、统计、信息化、标准化等部门的共同合作，一点一滴进行积累。

总之，要保证生猪饲养业的健康稳定发展，宏观层面必须深入研究生猪饲养业的特殊性，从技术和管理两方面深入认识和依据市场规律，发展科学养殖、规范养殖，提高生猪养殖的宏观管理水平；微观层面必须不断提高养殖技术和管理水平，树立市场意识、风险意识。

（二）降低小规模饲养生猪饲养成本的建议

小规模生猪养殖户饲养成本的高低直接决定了养殖户的饲养效益，饲养效益的增加能够提高养殖户的收入，因此所有的小规模生猪养殖户都想在保证生猪生产效率和生产质量的情况下，通过降低饲养成本来提高收益，以达到增加收入的目的。

在未来一段时间内，我国市场对猪肉依旧会有较大的需求量，费县S养殖户是山东地区具有代表性的小规模生猪养殖户之一，在整个山东地区还有大量的类似小规模生猪养殖户存在着，它们的整体投入规模、资金投入量和抗风险能力相对弱小，对于生猪市场价格的波动更为敏感，在整个猪肉市场的竞争中处于相对弱势的地位，但是在生猪出栏总量和猪肉供给总量上有着不可忽视的地位。

经过对统计数据的趋势分析，结合费县S养殖户的实地调研个案分析，发现了以S养殖户为代表的山东省小规模生猪养殖户在成本控制方面，仍然面临着仔畜成本居高不下、小规模饲养生猪产业组织形式不完善导致的小规模生猪养殖户的饲养成本升高、创新性科学技术在小规模饲养实践中应用不足使得生产效率较低、政府等职能部门在生猪饲养方面的调控和监督不充分等问题。解决现存的这些问题，不仅对于降低山东省小规模生猪饲养户的饲养成本、增加农户收益有着重要的意义，而且有利于山东省小规模生猪饲养产业的健康快速稳定发展。针对上述问题，本书给出了以下4个方面的对策建议：

1. 因地制宜地选择仔畜品种进行育肥

通过研究分析，我们得出仔畜成本是生猪饲养成本中最主要的成本构成部分之一，分析显示仔畜成本的波动直接导致了饲养成本的同向波动，因此有效地降低仔畜成本对于控制饲养成本来说尤为重要。由对山东省农村地区小规模生猪养殖户的实地调研情况发现，不同品种和品质的仔畜价格差异较大，所以主动进行生猪仔畜的品种改良，培育适合本地的新型杂交品种，针对不同地市的具体情况因地制宜地选择适合的仔畜品种进行育肥，这不仅对类似于S养殖户的小规模生猪养殖户饲养成本的降低有利，而且对整个山东地区乃至全国的生猪小规模饲养有着很大的借鉴意义。

具体来说，首先，应当引进其他地区先进的种猪品种进行改良，结合当地的养殖实际状况，将引进的优良品种与现有的品种进行杂交，得到最适合本地培育的新品种，并针对新品种在地区内建立专业化程度更高的仔畜培育中心，为以后向当地养殖户长期连续提供足量的仔猪打下基础。其次，考虑到养殖户会对新改良的仔畜品种存在一定的担心和顾虑，需要当地畜牧部门做好充分的新品种推广工作，对于优先带头更新换代的养殖场（户），畜牧局等相关部门配备科学技术人员进行专业化的指导和对养殖场（户）进行相应的补贴，当更多的养殖场（户）看到了新品种的优势时，那么品种改良的推广将逐渐扩大范围。最后，品种的改良和选择要与当地消费市场的需求相匹配，因地制宜地选择仔畜品种进行培育，有的生猪品种生长速度快、出栏周期短、价格低廉，但是肉质一般，而有的品种对饲料要求较高、生长周期长、价格相对较高，但肉质更加鲜美。例如 S 养殖户所在的费县，以农业人口为主，经济发展较为缓慢，人们的消费水平在整个临沂市处于中下游，人们在猪肉消费的时候更看中的是价格的高低，因此在仔畜的选择上应更加倾向于饲养周期短的品种。如果养殖场（户）所处的消费市场的主要消费人群更加看中猪肉的肉质和口感，那么对于饲养周期长、价格相对较高的猪肉需求量可能就会较大，养殖场（户）就应该根据所在市场的需求选择相应的优质品种进行育肥，这样既能够满足消费者的需求，又能提高养殖场（户）的饲养效益。不同的市场环境对不同品质的猪肉的需求量不一样，山东省地域宽广，各地市的小规模生猪养殖户根据周边市场的需求来选择培育的仔畜品种，不仅能有效降低饲养成本、提高农民收入，还能改善山东省小规模饲养生猪的环境，因此在对仔畜品种的改良要因地制宜。

2. 建立健全山东省小规模饲养生猪产业组织

小规模饲养生猪产业组织体系是联系养殖户、市场和政府的载体和纽带，健全的山东省小规模饲养生猪产业组织可以更好地将饲养户与外界各方联系起来，使信息交流的效率更高，减少烦琐的购销关系，更大程度地降低小规模生猪养殖户的各项成本，在有效地提高小规模生猪养殖户的饲养效益的基础上，进一步提升了山东省内数量众多的类似 S 养殖户这样的小规模生猪养殖户的抗风险能力。

针对 S 养殖户和山东省小规模生猪养殖户的现状，具体实施方法可以分为以下 3 个方面：第一，加强地方生猪农业合作社或生猪产销协会的建设。临沂市现有一些养殖户与临沂新程金锣肉制品有限公司签订了产销合同，由企业对养殖户统一提供仔猪、饲料、防疫和销售，达到了一定的效果，但还有数量庞大的像 S 养殖户这样的中小规模养殖场（户）并没有加入这样的组织。这就需要养殖场（户）和企业进一步交流，尽可能达成合作协议或是共同成立生猪农业合作社，在形式上将各养殖户联系起来，合作社给社员提供相应的产品价格、供销渠道、医疗防疫等技术支持，大大减少个体养殖户的成本支出，以此获得共赢或多赢。第二，相关部门做好生猪饲养方面的信息收集和公布工作，配合并引导生猪小规模养殖户进行有效的生产活动。信息采集和分析工作也是小规模饲养生猪产业体系中不可或缺的重要组成部分。市场价格的波动以及养殖户短期内的供应量影响着农户的收益，相关部门能在分析猪肉价格波动的基础上合理预测生猪的价格走势，将更好地指导小规模生猪养殖场（户）合理地安排生产活动。近些年随着互联网的快速发展，不论是城市地区还是农村地区都能够及时地获取各方面的信息。畜牧局等相关部门针对山东省生猪产业发展以及各方面价格走势及时地在网站或者报纸上予以公布，让小规模生猪养殖户能及时获取有用信息，规避风险，有序饲养。第三，将农业电子商务与生猪饲养产业结合起来。如今的网上洽谈营销、网络支付的形式已经深入到各行各业，生猪饲养产业也不可避免地与网络融合发展。不论是在购置饲料、防疫设备，还是后期销售、运输等环节，通过信息化的手段将分散的生猪养殖场（户）与现代化市场结合起来，减少不必要的环节产生的费用，有利于养殖场（户）降低成本，提高收益。

3. 拓宽现代畜牧科技在小规模饲养生猪中的应用范围

随着社会的进步，新型科学技术在畜牧业的应用也是更加广泛。近两年，精细化饲料搅拌机、猪舍室温调控系统、养猪废水处理系统等一系列的科技产品逐渐进入山东省小规模生猪养殖户中，科学的方法和科学仪器的配合为小规模生猪养殖户进一步降低饲养成本提供了更大的便利，增加了农户的收入，保障了山东省生猪饲养产业的健康快速发展。同时政府要加大对生猪饲养业科研投入，支持生猪饲养业自主创新和科技引进相结合，支持生猪饲养企业与科研、教学单位联合，不断促进生猪饲养业在良种培育、疫病防控、兽医技术、生物兽药、饲料加工等领域不断实现突破。加强新技术在实际生产中应用的力度，鼓励养殖场（户）在饲养过程中利用新技术，用技术进步提高生产效益，降低生产成本。

　　具体实施方法有以下几个方面：首先，小规模生猪养殖户的科学选址和场区的合理布局是猪场生产的基础。在选址过程中，不仅要考虑满足科学生产和卫生防疫的要求，还要考虑远离水源、方便运输饲料与生猪等一系列问题，制定科学严格的标准将猪场划分为隔离区、生产区及生活区，生活区不能位于生产厂区的下风向。在大量的散养农户和传统小规模生猪养殖户向标准化小规模生猪养殖户过渡转型的关键时期，科学的选址建设不仅能够保证更好的小规模饲养生猪环境，而且能延长饲养厂房和设备的使用年限，减少成本费用的摊销，降低不必要的支出。其次，将国家科教兴农的政策落实到全省各地市具体的乡镇或养殖户，通过加强生猪防疫知识的宣传，让更多懂科学知识的工作人员进入小规模生猪养殖户进行现场指导，提高饲养农户的猪病防疫意识，尽量避免规模性的生猪疫情，减少生猪饲养过程中的死亡损失。有条件的乡镇，可以定期给生猪小规模养殖户定期提供医疗卫生防疫知识培训和生猪饲养实用知识的传授，或者在养殖户集中的村建立小型畜牧站和村级科技图书馆，配备足量的相关科技图书供村民免费学习。最后，将生态养殖技术和小规模饲养生猪有机结合起来。传统的生猪散养产生大量的废水、猪粪等污染物，随着近几年国家对于饲养业环境保护的重视程度不断增加、科学技术水平不断提高，生态氧化塘逐渐在山东省各地的小规模生猪养殖户中出现。S养殖户在没有配备生态氧化塘之前，在处理猪粪等方面不仅耗费大量的人工成本，有时还会因处理不及时、不彻底被环保部门罚款，后来改造修建了生态氧化塘，通过氧化塘内的藻类等对废水进行初步净化，配以鱼类、浮游生物和鸭子等组成了小型生态系统，在自行处理污染物的同时还带来另外的饲养收益，给养殖场增添了新的生机。目前这样的生态氧化塘并没有在山东省大范围的出现，S 养殖户生态氧化塘的成功同样适合山东省内其他地市乃至全国各省份的小规模生猪养殖户，值得各地广泛推广应用。

4. 政府要加强调控和监督力度

近几年，在国家呼吁生猪饲养业由散养过渡为规模化饲养的形势政策下，山东地区各职能部门配合国家政策出台了一些发展生猪规模化养殖的扶持政策，虽然初有成效，但总体来看，扶持政策波及的广度和深度以及政府调控和监督的力度还有待加强。政府加强调控和监督力度，推动生猪散养户向规模化饲养户的过渡，对众多的小规模生猪养殖户来说不仅能降低成本，还能促进其持续快速发展。

针对 S 养殖户暴露出的政府调控和监督力度不足的问题，提出以下 3 个方面的建议：第一，发挥政策调控能力，稳定价格。仔畜成本和饲料费用作为生猪饲养成本最重要的两个组成部分，也是小规模生猪养殖户最难控制的成本部分，完全取决于市场价格，市场价格过高就直接导致生猪饲养成本直线上升，从而影响小规模生猪养殖户收益。政府可以通过限定饲料价格上涨范围或生猪最低销售价格进行调控，通过政策调控保障养殖户的基本生产效益，同时加强政策引导，帮助生猪小规模养殖户拓宽筹资渠道。第二，扩大补贴的范围，增加农业保险的广度和深度。现有的政策已经对生猪规模化饲养有了相应的补贴，但总体力度较小，政府可以通过增加补贴的种类和数额来刺激生猪散养向小规模饲养的过渡。随着生猪小规模饲养专业化的提高，一些养殖户已经意识到了农业保险的重要性。相关部门也需要做好农业保险的宣传和推广工作，让更多生猪养殖户了解和接受农业保险，促进保险公司和生猪农业合作社的合作，保证小规模生猪养殖户的收益。有的小规模生猪养殖户现阶段可能并不能很快地接受农业保险，政府可以通过转移部分农业补贴用于农业保险，降低购买保险的价格门槛来引导广大小规模生猪养殖户逐步接受并认可农业保险。第三，加强政府监督责任，建立规范的生猪饲养业，同时要鼓励养殖户拿起法律武器来维护自身利益，向不法兽药商家索赔，以减少生猪死亡成本损失。S养殖户曾经购买了一批质量不合格的兽药而导致仔畜大量死亡，造成巨大的损失，这也体现出相关责任部门对兽药药品质量安全的监管仍有漏洞。政府相关部门应对这种损害农业发展的黑心厂商和商户加大惩罚力度，提高罚款额度，并向社会公布。政府要加强对生猪精粗饲料、防疫注射剂、猪舍消毒防疫设备等产品的质量安全检测，这不仅关系到山东省小规模生猪养殖户的自身利益，同时也保障流入市场的猪肉质量的安全性，关系到广大消费者的健康。政府也要继续加强生猪小规模饲养对于环境保护的监督，对于污染严重、不遵守环保要求的小规模养殖户坚决打击、取缔，确保生猪产业的发展更持续、更绿色。

　　希望以上具体意见和措施，能为众多的小规模生猪养殖户降低饲养成本、保持市场价格优势和竞争力、提高收入提供借鉴，也为山东省小规模饲养生猪产业的稳定健康发展提供保证。

第十章 研究展望

　　基于前人研究的基础，本书在以下方面做了更进一步的研究分析工作：

　　（1）本书梳理了国内外关于生猪在饲养规模、饲养成本效益方面的相关文献，发现生猪规模化饲养逐渐取代散养是一种明显的趋势，并且规模化饲养的优势也已明显显现出来，而且目前对生猪饲养成本效益研究大多数只是基于国家统计数据的描述性分析，研究也主要集中在作用、意义、发展重点、未来趋势等方面，对特定省份不同饲养规模的具体影响因素和饲养效率的研究不足，缺乏具体养殖户的真实数据，导致对我国生猪饲养行业的真实成本控制和规模发展问题研究不充分。

　　（2）本书根据2005—2018年的《全国农产品成本效益资料汇编》的数据资料，运用统计分析法分析山东省不同饲养规模下生猪饲养成本差异及变动趋势、成本构成及其变动趋势，得出了山东省不同饲养规模下影响生猪饲养成本的主要因素；运用综合统计指数分析法对山东省生猪饲养各成本项目的物质消耗量和人工用量对生猪饲养成本的影响程度和影响结果进行分析，计算价格变动对生猪饲养成本及成本项目的影响，得出了山东省不同饲养规模下不同年份生猪饲养成本变动的内在原因；运用比较分析法将山东省农户散养、小规模饲养、中规模饲养和大规模饲养的生猪饲养成本与全国最高、最低和平均成本进行比较，采用"山东省生猪饲养成本相对于全国平均饲养成本变动幅度（简称相对成本变动幅度）"这一指标来衡量山东省生猪饲养成本构成与全国平均饲养成本间的关系，根据不同年份和不同阶段的对比发现山东省各个规模生猪饲养在全国范围的优势和劣势，发现山东省4种规模的生猪饲养成本在全国所处的水平相差不大，均处于全国平均水平上下，与全国先进水平相比，尚有一定的差距，并分析产生差异的原因。

（3）本书采用总体分析、部分分析与个案研究相结合的比较研究方法，选取典型小规模生猪养殖户S进行实地调研，获得第一手调研资料，将养殖户S饲养成本的实地调研数据与山东省统计数据进行匹配对比，探究个例与整体之间的关系，找出了以S养殖户为代表的小规模生猪养殖户在饲养成本及成本项目方面的势态和原因；通过同相邻省份河北省和江苏省小规模饲养生猪的成本项目数据对比分析也可以看出，山东省在生猪饲养成本和饲料费等主要成本构成项目上并没有优势，虽然在人工成本和医疗防疫费两个方面有些优势，但是由于人工成本和医疗防疫费在饲养成本中占比较小，使得整体优势并不明显。

（4）本书通过生猪收入与饲养成本净收益率2个指标对生猪饲养效益进行理论分析，选取成本效益数据对生猪饲养效益进行实证研究，运用线性回归模型分析不同饲养规模成本要素对饲养效益的影响因素以及影响程度，找出了影响不同生猪饲养规模下饲养效益的成本因素；将山东省生猪4种饲养规模的饲养效益与全国最高、最低和平均效益进行比较，分析了不同饲养规模下的生猪饲养效益地位。

（5）本书利用灰色局势决策法，把计量模型与经济理论相结合，发现无论按行决策还是列决策，都可以得出适合山东省生猪饲养的最优局势，且中规模饲养模式为山东省生猪养殖的最优局势。

（6）本书针对整个研究中出现的影响山东省生猪饲养成本效益的因素，结合宏观政策和互联网技术、大数据技术蓬勃发展的背景，提出了促进山东省生猪饲养产业发展的政策和建议。

然而，本书数据不充分以及滞后的问题还是存在的，主要表现在以下几个方面：

（1）本书运用综合统计指数分析法对山东省生猪饲养各成本项目的物质消耗量和人工用量对生猪饲养成本的影响程度和影响结果进行分析时，是以2004年的价格变动指数为基础的，然而2004—

2017 年每年的经济发展速度各不相同，价格变动也相差甚大，比较年份也相差甚大，不利于相邻年份之间的比较。因此本书将根据各年份的价格变动指数计算山东省生猪饲养各成本项目的物质消耗量和人工用量对生猪饲养成本的影响程度和影响结果，以期能找出相邻年份生猪饲养成本效益不同的原因。

（2）由于调查条件、研究能力等限制，实地调研数据记录并不完整和全面，例如死亡损失费、燃料动力费和其他摊销费用等成本项目记录不够完善，导致个案分析中只能挑选几个重要的、有代表性的、数据记录完整的成本项目进行分析比较，虽然不影响分析的全局与结论，但影响了个案分析的精细程度。因此本书将加大典型调研力度以便完整和全面地反映全省的实际情况，使提出的观点与建议更具针对性。

（3）以往数据大多来源于国家统计数据，不涉及生猪饲养的环境成本和信用风险成本。国家统计数据类型具有稳定性，然而生猪饲养的环境成本和信用风险成本早已应用于实际中，本书将扩大成本的研究范围，进一步探索山东省生猪饲养成本状况。

（4）本书聚焦于山东省整体的生猪饲养状况，缺少特定地区生猪饲养成本效益的分析，尤其是 2018 年寿光水灾和莱芜非洲猪瘟等灾害和疫病的出现会对生猪饲养成本效益产生一定的影响，研究特定地区的生猪饲养成本效益对深入、细化研究具有重要的意义。

总之，通过对山东省生猪饲养成本效益的研究，我们真正地感触到，山东省、全国生猪饲养成本、效益数据信息的收集、汇总、提供方式上仍有很大的改进空间。目前，生猪产业的生产数据、成本效益数据、防疫数据等都是靠统计调研取得，层层汇总公布的，滞后期在 1 年以上，而且数据的分类、数据的口径问题还是比较多的。鉴于此，本书提出了实现生猪产业信息化的建议。

在互联网信息技术不断发展，大数据时代已经悄然而来的背景下，不仅生猪产业，整个农业生产、国民经济的研究都存在着数据的滞后性和信息不充分的问题，与信息化的方向相悖，与产业发展的不确定性和风险的增加不相适应，希望生猪饲养业、农业生产、整个国民经济管理都加强基础数据的硬件、软件建设，加强专业人才的培养，促进我国的信息产业的健康稳定发展，而这需要各产业、各行业、各部门的基础信息管理的研究先行一步，真正为实现农业、国民经济的信息化、现代化做好布局、打好基础，这也是本书最发自内心的一个期盼，真心希望广大的理论与实际工作者都能够为真正实现信息化、规范化、科学化的生猪饲养业贡献一份力量。

山东省作为农业、农村大数据试点地区之一，将会持续推进生猪饲养的基础数据信息系统的建设，探索生猪全产业链大数据的建设，实现生猪全产业链的信息生态与共享，提高养殖场（户）的饲养效益和效率。而在此过程中，养殖场（户）将自己的数据汇集到大数据系统和从系统中获取数据并转化为有用的决策信息，都必然会产生成本，影响生猪饲养业的成本效益。生猪饲养业的数据产权如何界定，是公共产权还是私人产权或兼而有之，产权如何实施，信息平台、基础设施如何建设以充分发挥信息在生猪饲养业中的作用，如何有效地进行生猪饲养业的大数据建设，基础信息如何分类，如何制定信息标准化的标准，系统运行的规则如何，数据的输入、输出规则如何规定，都是基础信息管理的重要课题，而这也必将对现有的生猪饲养业的成本效益核算体系产生巨大的冲击。未来的生猪饲养业必将是一个信息化的产业，大数据分析方法必将应用于生猪饲养的成本效益分析中，逐步形成一个全新的生猪饲养业。

参 考 文 献

白冬雪, 2016. 黑龙江省中规模生猪生产者盈方平衡研究 [D]. 大庆: 黑龙江八一农垦大学.

刁运华, 2008. 加快生产方式转变推动养猪水平升级 [C] //中国畜牧业协会猪业分会. 2008 年中国猪业进展. 北京: 中国畜牧业协会猪业分会.

冯永辉, 2006. 我国生猪规模化养殖及区域布局变化趋势 [J]. 中国畜牧杂志, 42 (4): 27 - 28.

符刚, 刘丹, 2013. 生猪规模化养殖经济效益的影响因素实证研究: 来自四川省新津县 63 个生猪规模养殖场的数据 [J]. 四川农业大学学报 (4): 466 - 473.

付东, 2015. 生猪饲养规模及其成本效益 [J]. 农业开发与装备 (5): 155.

傅浩然, 刘云富, 2008. 以规模养殖破解生猪发展难题: 对传统养猪生产模式转型的思考 [J]. 四川畜牧兽医 (4): 24 - 25.

高宝明, 2005. 降低成本与关注市场是提高养猪效益的关键 [J]. 畜禽业 (6): 26 - 28.

顾国达, 张磊, 2001. 我国畜产品出口的比较优势分析 [J]. 中国农村经济 (7): 31 - 36.

洪灵敏, 许玉贵, 彭芳琴, 2012. 生猪饲养成本分析及农户适度规模的选择 [J]. 经济师 (2): 76 - 78.

季凤文, 2017. 简述养猪场疫病防控措施 [J]. 畜牧兽医科技信息 (2): 92.

姜冰, 李翠霞, 2008. 黑龙江省生猪规模化饲养问题分析 [J]. 农机化研究 (8): 28 - 31.

李海清, 刘晓华, 2013. 农村生猪小规模养殖存在的问题及思考 [J]. 四川畜牧兽医, 40 (4): 14 - 15.

李桦, 郑少锋, 郭亚军, 2007. 我国生猪不同饲养方式生产成本变动分析 [J]. 西北农林科技大学学报 (自然科学版) (1): 63 - 67.

李秋生, 余佳祥, 许玉贵, 2016. 云南省不同生猪养殖规模成本收益变动研

究 [J]. 云南农业大学学报（社会科学），10（5）：24-31.

李真，2009. 生猪规模化养殖与散户养殖的对比研究 [J]. 安徽农学通报，15（12）：15-16.

刘芳，江占民，2002. 生猪养殖业成本效益分析 [J]. 农业技术经济（1）：35-39.

刘清泉，周发明，2012. 我国生猪养殖效益的影响因素分析 [J]. 中国畜牧杂志，48（22）：47-50，54.

罗鹏飞，2016. 猪场生猪疾病的预防与控制措施分析 [J]. 农技服务，33（10）：115.

孟野，张仙，2016. 云南中小规模生猪养殖成本分析 [J]. 云南农业大学学报（社会科学版），10（6）：49-53.

乔娟，吴学兵，2012. 不同饲养规模下的生猪区域优势分析 [J]. 中国畜牧杂志，48（14）：16-19.

沈银书，吴敬学，2011. 我国生猪规模养殖的发展趋势与动因分析 [J]. 中国畜牧杂志，47（22）：49-52.

王济民，周礼，梁书民，等，1999. 生猪生产的饲料报酬和成本构成 [J]. 中国牧业通讯（5）：6-7.

翁贞林，罗千峰，郑瑞强，2015. 我国生猪不同规模养殖成本效益及全要素生产率分析：基于 2004—2013 年数据 [J]. 农林经济管理学报，14（5）：490-499.

谢梦奇，罗香英，2013. 小规模猪场防疫管理中存在的问题与措施 [J]. 湖北畜牧兽医，34（2）：103.

薛毫祥，陈章言，曹天妹，2006. 不同饲养方式下养猪成本效益浅析与思考 [J]. 江西农业学报（5）：212-213.

薛继春，王承华，胡源，等，2006. 畜禽规模养殖调查 [J]. 畜牧市场（8）：39-43.

闫春轩，2008. 畜牧业生产方式转变的形式、内容和途径 [J]. 中国草食动物，28（5）：55-56.

杨眉，熊倩华，时黛，等，2016. 规模化生猪养殖场的物联网应用 [J]. 江西畜牧兽医杂志（5）：7-9.

张军民，李秋菊，2008. 我国生猪适宜养殖模式的探讨 [J]. 中国农业科技导报，10（6）：23-28.

张晓辉，SOMWARU R，TUAN F，2006. 中国生猪生产结构、成本和效益

比较研究 [J]. 中国畜牧杂志，42（4）：27‐31.

张晓辉，卢迈，1997. 我国农户生猪饲养规模及饲料转化率变化趋势探讨 [J]. 中国农村经济（5）：53‐55.

张永强，单宇，王刚毅，等，2016. 生猪小规模养殖成本控制研究：基于黑龙江省 2004—2013 年生猪小规模养殖成本变动的实证分析 [J]. 黑龙江畜牧兽医（12）：10‐13.

张园园，孙世民，季柯辛，2012. 基于 DEA 模型的不同饲养规模生猪生产效率分析：山东省与全国的比较 [J]. 中国管理科学，20（S2）：720‐725.

张园园，孙世民，彭玉珊，2014. 基于修正熵权‐TOPSIS 模型的山东省生猪养殖成本效益分析：以与全国及其他九大生猪主产区比较的视角 [J]. 中国畜牧杂志，50（4）：25‐30.

ADHIKARI B, HARSH S, CHENEY L, 2003. Factors affecting regional shifts of U. S pork production [C]. Montreal, Canada：American Agricultural Economics Association Annual Meeting.

LARSON B, KLIEBENSTEIN J, HONEYMAN M, et al. , 2005. Comparison of production costs, returns and profitability of swine production systems [A]. Staff general research papers archive 12621. Ames, Iowa：Iowa State University, Department of Economics.

BREWER C L, HAYENGA M L, KLIEBENSTEIN J, 1998. Pork production costs：A comparison of major pork exporting countries [A]. Staff general research papers archive 1265. Ames, Iowa：Iowa State University, Department of Economics.

BRUM M C, HARMON J D, HONEYMAN M S, KLEIBENSTEIN J B, et al. , 2004. Hoop barns for grow‐finish swine [R]. Agricultural Engineers Digest 41.

HERATH D P, WEERSINK A J, 2004. The locational determinants of large livestock operations：Evidence from the U. S. hog, dairy, and fed‐cattle sectors [C]. Denver, Colorado：The American Agricultural Economics Association Annual Meeting.

FANG C, FABIOSA J, 2002. Does the U. S. Midwest have a cost advantages over China in producing corn, soybeans, and hogs [A]. Midwest Agribusiness Trade Research and Information Center research paper 02‐MRP 4. Ames, Iowa：Iowa State University.

Key N, MCBRIDE W, 2003. Production contracts and productivity in the U. S. hog sector [J]. American journal of agricultural economics, 85 (1): 121 - 133.

LABRECQUE J, DULUDE B, CHARLEBOIS S, 2015. Sustainability and strategic advantages using supply chain - based determinants in pork production [J]. British food journal, 117 (11): 2630 - 2648.

NEHRING R, BANKER D, O'DONOGHUE E, 2003. Have hog producers with production contracts maintained an economic advantage over independent hog producers in recent years? [C]. Montreal, Canada: American Agricultural Economics Association Annual Meeting.

SCHAFFER H D, KOONNATHAMDEE P, RAY D E, 2012. An economic analysis of the social costs of industrialized production of pork in the United States [A]. Washington, D. C. : Pew Commission on Industrial Farm Animal Production.

SHARMA K R, LEUNG P, ZALESKI H M, 1997. Economic analysis of size and feed type of seine production in Hawaii [J]. Swine health and production, 5 (3): 103 - 110.

附　　录

山东省小规模生猪养殖户（养殖场）饲养成本调查表

养殖地点					饲养户名		日期	
联系方式		饲养品种			饲养规模			

		1	2	3	说明：
本月出售的育肥猪的各项成本费用（元）	仔畜成本				1. 调查表请参照"使用说明"如实进行填写，请在育肥猪出栏销售的当月进行每月的填写，每3个月填写一张，每季度收取一份调查表。 2. 此调查表数据仅用于科学研究，对于所有信息我们会严格保密，请如实、放心填写，谢谢您的配合和支持。
	饲料费				
	医疗防疫费				
	水电燃料费				
	销售费				
	死亡损失费				
	人工成本				
	其他直接费用				
	期间费用				
本月出售育肥生猪情况	出售育肥猪头数（头）				
	出售育肥猪平均活重（千克）				
	出售育肥猪平均价格（元/千克）				

（续）

本月其他养猪副产品收入（元）		备注栏	

使用说明：

1. 仔畜成本指农户自繁自养的仔畜或外购仔畜的费用。自繁自养的按照实际的饲养成本计算仔畜成本，外购的仔畜成本为购入价格和运输费用的总和。

2. 饲料费指生猪育肥期间实际耗用的粮食、豆饼、混合饲料、野生植物的粉碎物等费用的总和。农户自有的饲料项目按照市场价格计入，外购的饲料项目费用为购入价格加运杂费等。

3. 医疗防疫费指生猪饲养过程中进行仔畜疫苗注射、猪舍定期消毒、多发性疫病治疗等费用支出的总和。

4. 水电燃料费指生猪饲养过程中消耗的煤、电、水等支出项目。

5. 销售费指为了销售育肥生猪所产生的运输过程、包装和装卸以及广告等费用。

6. 死亡损失费指生猪存栏期间发生疫病、极端天气和其他特殊情况等引起育肥猪死亡，导致生猪饲养成本整体上升的费用。

7. 人工成本指生猪饲养过程中家庭劳动力人工折价和雇用工人耗费成本的总和。家庭劳动力成本＝家庭劳动力用工天数×当地劳动力工价；雇用工人成本＝雇用工人天数×当地雇工工价。

8. 其他直接费用指与实际生猪饲养过程相关的除了上述费用支出以外的一系列其他费用，包括液氮支出、粪肥支出、尿素支出等。

9. 期间费用包括管理费、财务费等。（财务费是指资金占用费、银行手续费等支出。）

10. 本月其他养猪副产品收入主要指粪便等销售收入。

11. 其他需要解释说明的内容填写在"备注栏"。